Versuche über Pflanzenhybriden

Gregor Mendel

Alpha Editions

This edition published in 2022

ISBN : 9789356711242

Design and Setting By
Alpha Editions
www.alphaedis.com
Email - info@alphaedis.com

I.
Versuche über Pflanzenhybriden.

Von
Gregor Mendel.

(Vorgelegt in den Sitzungen vom 8. Februar und 8. März 1865.)

Gedruckt in den Verhandlungen des naturforschenden Vereines in Brünn. IV. Band. Abhandlungen {3}[A] 1865. Brünn, 1866. Im Verlage des Vereines. S. 3–47.

Einleitende Bemerkungen.

Künstliche Befruchtungen, welche an Zierpflanzen deshalb vorgenommen wurden, um neue Farbenvarianten zu erzielen, waren die Veranlassung zu den Versuchen, die hier besprochen werden sollen. Die auffallende Regelmässigkeit, mit welcher dieselben Hybridformen immer wiederkehrten, so oft die Befruchtung zwischen gleichen Arten geschah, gab die Anregung zu weiteren Experimenten, deren Aufgabe es war, die Entwicklung der Hybriden in ihren Nachkommen zu verfolgen.

Dieser Aufgabe haben sorgfältige Beobachter, wie *Kölreuter*, *Gärtner*, *Herbert*, *Lecocq*, *Wichura* u. A. einen Theil ihres Lebens mit unermüdlicher Ausdauer geopfert. Namentlich hat *Gärtner* in seinem Werke »die Bastarderzeugung im Pflanzenreiche« sehr schätzbare Beobachtungen niedergelegt, und in neuester Zeit wurden von *Wichura* gründliche Untersuchungen über die Bastarde der Weiden veröffentlicht. Wenn es noch nicht gelungen ist, ein allgemein gültiges Gesetz für die Bildung und Entwicklung der Hybriden aufzustellen[1], so kann das Niemanden Wunder nehmen, der den Umfang der Aufgabe kennt, und die Schwierigkeiten zu würdigen weiss, mit denen Versuche dieser Art zu kämpfen haben. Eine endgültige Endscheidung kann erst dann erfolgen, wenn Detailversuche aus den verschiedensten Pflanzenfamilien vorliegen. Wer die Arbeiten auf diesem Gebiete überblickt, wird {4} zu der Ueberzeugung gelangen, dass unter den zahlreichen Versuchen keiner in dem Umfange und in der Weise durchgeführt ist, dass es möglich wäre, die Anzahl der verschiedenen Formen zu bestimmen, unter welchen die Nachkommen der Hybriden auftreten, dass man diese Formen mit Sicherheit in den einzelnen Generationen ordnen und die gegenseitigen numerischen Verhältnisse feststellen könnte. Es gehört allerdings einiger Muth dazu, sich einer so weit reichenden Arbeit zu unterziehen; indessen scheint es der einzig richtige Weg zu sein, auf dem endlich die Lösung einer Frage erreicht werden kann, welche für die Entwicklungsgeschichte der organischen Formen von nicht zu unterschätzender Bedeutung ist.

Die vorliegende Abhandlung bespricht die Probe eines solchen Detailversuches. Derselbe wurde sachgemäss auf eine kleine Pflanzengruppe beschränkt und ist nun nach Verlauf von acht Jahren im Wesentlichen abgeschlossen. Ob der Plan, nach welchem die einzelnen Experimente geordnet und durchgeführt wurden, der gestellten Aufgabe entspricht, darüber möge eine wohlwollende Beurtheilung entscheiden.

Fußnote:

[A] Die in Klammern beigefügten Nummern bezeichnen die Seitenzahlen des Originals.

Auswahl der Versuchspflanzen.

Der Werth und die Geltung eines jeden Experimentes wird durch die Tauglichkeit der dazu benützten Hilfsmittel, sowie durch die zweckmässige Anwendung derselben bedingt. Auch in dem vorliegenden Falle kann es nicht gleichgültig sein, welche Pflanzenarten als Träger der Versuche gewählt und in welcher Weise diese durchgeführt wurden.

Die Auswahl der Pflanzengruppe, welche für Versuche dieser Art dienen soll, muss mit möglichster Vorsicht geschehen, wenn man nicht im Vorhinein allen Erfolg in Frage stellen will.

Die Versuchspflanzen müssen nothwendig

1. Constant differirende Merkmale besitzen.

2. Die Hybriden derselben müssen während der Blüthezeit vor der Einwirkung jedes fremdartigen Pollens geschätzt sein oder leicht geschätzt werden können.

3. Dürfen die Hybriden und ihre Nachkommen in den aufeinander folgenden Generationen keine merkliche Störung in der Fruchtbarkeit erleiden.

Fälschungen durch fremden Pollen, wenn solche im Verlaufe des Versuches vorkämen und nicht erkannt würden, müssten zu ganz irrigen Ansichten führen. Verminderte Fruchtbarkeit, oder gänzliche Sterilität einzelner Formen, wie sie unter den Nachkommen vieler Hybriden auftreten, würden die Versuche sehr erschweren oder ganz vereiteln. Um die

Beziehungen zu erkennen, in welchen die Hybridformen zu einander selbst und zu ihren Stammarten stehen, erscheint es als nothwendig, dass die Glieder der Entwicklungsreihe in jeder einzelnen Generation vollzählig der Beobachtung unterzogen werden.

Eine besondere Aufmerksamkeit wurde gleich Anfangs den Leguminosen wegen ihres eigenthümlichen Blüthenbaues zugewendet. Versuche, welche mit mehreren Gliedern dieser Familie angestellt wurden, führten zu dem Resultate, dass das Genus Pisum den gestellten Anforderungen hinreichend entspreche. {6} Einige ganz selbständige Formen aus diesem Geschlechte besitzen constante, leicht und sicher zu unterscheidende Merkmale, und geben bei gegenseitiger Kreuzung in ihren Hybriden vollkommen fruchtbare Nachkommen. Auch kann eine Störung durch fremde Pollen nicht leicht eintreten, da die Befruchtungsorgane vom Schiffchen enge umschlossen sind und die Antheren schon in der Knospe platzen, wodurch die Narbe noch vor dem Aufblühen mit Pollen überdeckt wird. Dieser Umstand ist von besonderer Wichtigkeit. Als weitere Vorzüge verdienen noch Erwähnung die leichte Cultur dieser Pflanze im freien Lande und in Töpfen, sowie die verhältnissmassig kurze Vegetationsdauer derselben. Die künstliche Befruchtung ist allerdings etwas umständlich, gelingt jedoch fast immer. Zu diesem Zwecke wird die noch nicht vollkommen entwickelte Knospe geöffnet, das Schiffchen entfernt und jeder Staubfaden mittelst einer Pincette behutsam herausgenommen, worauf dann die Narbe sogleich mit dem fremden Pollen belegt werden kann.[2]

Aus mehreren Samenhandlungen wurden im Ganzen 34 mehr oder weniger verschiedene Erbsensorten bezogen und einer zweijährigen Probe unterworfen. Bei einer Sorte wurden unter einer grösseren Anzahl gleicher Pflanzen einige bedeutend abweichende Formen bemerkt. Diese variirten jedoch im nächsten Jahre nicht und stimmten mit einer anderen, aus derselben Samenhandlung bezogenen Art vollständig überein; ohne Zweifel waren die Samen bloss zufällig beigemengt. Alle anderen Sorten gaben durchaus gleiche und constante Nachkommen, in den beiden Probejahren wenigstens war eine wesentliche Abänderung nicht zu bemerken. Für die Befruchtung wurden 22 davon ausgewählt und jährlich, während der ganzen Versuchsdauer angebaut. Sie bewährten sich ohne alle Ausnahme.

Die systematische Einreihung derselben ist schwierig und unsicher. Wollte man die schärfste Bestimmung des Artbegriffes in Anwendung bringen, nach welcher zu einer Art nur jene Individuen gehören, die unter völlig gleichen Verhältnissen auch völlig gleiche Merkmale zeigen, so könnten nicht zwei davon zu einer Art gezählt werden. Nach der Meinung der Fachgelehrten indessen gehört die Mehrzahl der Species Pisum sativum an, während die übrigen bald als Unterarten von P. sativum, bald als selbständige Arten angesehen und beschrieben wurden, wie P. quadratum,

P. saccharatum, P. umbellatum. Uebrigens bleibt die Rangordnung, welche{7} man denselben im Systeme giebt, für die in Rede stehenden Versuche völlig gleichgültig. So wenig man eine scharfe Unterscheidungslinie zwischen Species und Varietäten zu ziehen vermag, ebenso wenig ist es bis jetzt gelungen, einen gründlichen Unterschied zwischen den Hybriden der Species und Varietäten aufzustellen.[3]

Eintheilung und Ordnung der Versuche.

Werden zwei Pflanzen, welche in einem oder mehreren Merkmalen constant verschieden sind, durch Befruchtung verbunden, so gehen, wie zahlreiche Versuche beweisen, die gemeinsamen Merkmale unverändert auf die Hybriden und ihre Nachkommen über;[4] je zwei differirende hingegen vereinigen sich an der Hybride zu einem neuen Merkmale, welches gewöhnlich an den Nachkommen denselben Veränderungen unterworfen ist. Diese Veränderungen für je zwei differirende Merkmale zu beobachten und das Gesetz zu ermitteln, nach welchem dieselben in den aufeinander folgenden Generationen eintreten, war die Aufgabe des Versuches. Derselbe zerfällt daher in ebenso viele einzelne Experimente, als constant differirende Merkmale an den Versuchspflanzen vorkommen.

Die verschiedenen, zur Befruchtung ausgewählten Erbsenformen zeigten Unterschiede in der Länge und Färbung des Stengels, in der Grösse und Gestalt der Blätter, in der Stellung, Farbe und Grösse der Blüthen, in der Länge der Blüthenstiele, in der Farbe, Gestalt und Grösse der Hülsen, in der Gestalt und Grösse der Samen, in der Färbung der Samenschale und des Albumens.[5] Ein Theil der angeführten Merkmale lässt jedoch eine sichere und scharfe Trennung nicht zu, indem der Unterschied auf einem oft schwierig zu bestimmenden »mehr oder weniger« beruht. Solche Merkmale waren für die Einzelversuche nicht verwendbar, diese konnten sich nur auf Charaktere beschränken, die an den Pflanzen deutlich und entschieden hervortreten. Der Erfolg musste endlich zeigen, ob sie in hybrider Vereinigung sämmtlich ein übereinstimmendes Verhalten beobachten, und ob daraus auch ein Urtheil über jene Merkmale möglich wird, welche eine untergeordnete typische Bedeutung haben.

Die Merkmale, welche in die Versuche aufgenommen wurden, beziehen sich:

1. auf den Unterschied in der Gestalt der reifen Samen. {8}Diese sind entweder kugelrund oder rundlich, die Einsenkungen, wenn welche an der Oberfläche vorkommen, immer nur seicht, oder sie sind unregelmässig kantig, tief runzelig (P. quadratum);

2. auf den Unterschied in der Färbung des Samenalbumens (Endosperm's). Das Albumen der reifen Samen ist entweder blassgelb, hellgelb oder orange gefärbt, oder es besitzt eine mehr oder weniger intensiv grüne Farbe. Dieser Farbenunterschied ist an den Samen deutlich zu erkennen, da ihre Schalen durchscheinend sind;[6]

3. auf den Unterschied in der Färbung der Samenschale. Diese ist entweder weiss gefärbt, womit auch constant die weisse Blüthenfarbe verbunden ist, oder sie ist grau, graubraun, lederbraun mit oder ohne violetter Punctirung, dann erscheint die Farbe der Fahne violett, die der Flügel purpurn, und der Stengel an den Blattachseln röthlich gezeichnet. Die grauen Samenschalen werden im kochenden Wasser schwarzbraun;

4. auf den Unterschied in der Form der reifen Hülse. Diese ist entweder einfach gewölbt, nie stellenweise verengt, oder sie ist zwischen den Samen tief eingeschnürt und mehr oder weniger runzelig (P. sacharatum);

5. auf den Unterschied in der Farbe der unreifen Hülse. Sie ist entweder licht- bis dunkelgrün oder lebhaft gelb gefärbt, an welcher Färbung auch Stengel, Blattrippen und Kelch theilnehmen[B];

6. auf den Unterschied in der Stellung der Blüthen. Sie sind entweder axenständig, d. i. längs der Axe vertheilt, oder sie sind endständig, am Ende der Axe gehäuft und fast in eine kurze Trugdolde gestellt; dabei ist der obere Theil des Stengels im Querschnitte mehr oder weniger erweitert (P. umbellatum);

7. auf den Unterschied in der Axenlänge. Die Länge der Axe ist bei einzelnen Formen sehr verschieden, jedoch für jede insofern ein constantes Merkmal, als dieselbe bei gesunden Pflanzen, die in gleichem Boden gezogen werden, nur unbedeutenden Aenderungen unterliegt. Bei den Versuchen über dieses Merkmal wurde der sicheren Unterscheidung{9} wegen stets die lange Axe von 6–7' mit der kurzen von $\frac{3}{4}$' bis $1\frac{1}{2}$' verbunden.

In zwei von den angeführten differirenden Merkmalen wurden durch Befruchtung vereinigt. Für den

1. Vers. wurden 60 Befrucht. an 15 Pflanzen vorgenommen

2. » » 58 » » 10 » »

3. » » 35 » » 10 » »

4. » » 40 » » 10 » »

5. » » 23 » » 5 » »

6. » » 34 » » 10 » »

7. » » 37 » » 10 » »

Von einer grösseren Anzahl Pflanzen derselben Art wurden zur Befruchtung nur die kräftigsten ausgewählt. Schwache Exemplare geben immer unsichere Resultate, weil schon in der ersten Generation der Hybriden und noch mehr in der folgenden manche Abkömmlinge entweder gar nicht zur Blüthe gelangen, oder doch wenige und schlechte Samen bilden.

Ferner wurde bei sämmtlichen Versuchen die wechselseitige Kreuzung durchgeführt, in der Weise nämlich, dass jene der beiden Arten, welche bei einer Anzahl Befruchtungen als Samenpflanze diente, bei der anderen als Pollenpflanze verwendet wurde.

Die Pflanzen wurden auf Gartenbeeten, ein kleiner Theil in Töpfen gezogen, und mittelst Stäben, Baumzweigen und gespannten Schnüren in der natürlichen aufrechten Stellung erhalten. Für jeden Versuch wurde eine Anzahl Topfpflanzen während der Blüthezeit in ein Gewächshaus gestellt, sie sollten für den Hauptversuch im Garten als Controlle dienen bezüglich möglicher Störungen durch Insecten. Unter jenen, welche die Erbsenpflanze besuchen, könnte die Käferspecies Bruchus pisi dem Versuche gefährlich werden, falls sie in grösserer Menge erscheint.[7] Das Weibchen dieser Art legt bekanntlich seine Eier in die Blüthe und öffnet dabei das Schiffchen; an den Tarsen eines Exemplares, welches in einer Blüthe gefangen wurde, konnten unter der Lupe deutlich einige Pollenzellen bemerkt werden. Es muss hier noch eines Umstandes Erwähnung geschehen, der möglicher Weise die Einmengung fremden Pollens veranlassen könnte. Es kommt nämlich in einzelnen seltenen Fällen vor, dass gewisse Theile der übrigens ganz normal entwickelten Blüthe verkümmern, wodurch eine theilweise Entblössung der Befruchtungsorgane{10} herbeigeführt wird. So wurde eine mangelhafte Entwicklung des Schiffchens beobachtet, wobei Griffel und Antheren zum Theile unbedeckt blieben. Auch geschieht es bisweilen, dass der Pollen nicht zur vollen Ausbildung gelangt. In diesem Falle findet während des Blühens eine allmähliche Verlängerung des Griffels statt, bis die Narbe an der Spitze des Schiffchens hervortritt. Diese merkwürdige Erscheinung wurde auch an Hybriden von Phaseolus und Lathyrus beobachtet.

Die Gefahr einer Fälschung durch den fremden Pollen ist jedoch bei Pisum eine sehr geringe und vermag keineswegs das Resultat im Grossen und Ganzen zu stören. Unter mehr als 10 000 Pflanzen, welche genauer untersucht wurden, kam der Fall nur einige wenige Male vor, dass eine Einmengung nicht zu bezweifeln war. Da im Gewächshause niemals eine solche Störung beobachtet wurde, liegt wohl die Vermuthung nahe, dass Bruchus pisi und vielleicht auch die angeführten Abnormitäten im Blüthenbau die Schuld daran tragen.

Fußnote:

[B] Eine Art besitzt eine schöne braunrothe Hülsenfarbe, welche gegen die Zeit der Reife hin in Violett und Blau übergeht. Der Versuch über dieses Merkmal wurde erst im verflossenen Jahre begonnen.

Die Gestalt der Hybriden.[8]

Schon die Versuche, welche in früheren Jahren an Zierpflanzen vorgenommen wurden, lieferten den Beweis, dass die Hybriden in der Regel nicht die genaue Mittelform zwischen den Stammarten darstellen. Bei einzelnen mehr in die Augen springenden Merkmalen, wie bei solchen, die sich auf die Gestalt und Grösse der Blätter, auf die Behaarung der einzelnen Theile u. s. w. beziehen, wird in der That die Mittelbildung fast immer ersichtlich;[9] in anderen Fällen hingegen besitzt das eine der beiden Stamm-Merkmale ein so grosses Uebergewicht, dass es schwierig oder ganz unmöglich ist, das andere an der Hybride aufzufinden.

Ebenso verhält es sich mit den Hybriden bei Pisum. Jedes von den 7 Hybridenmerkmalen gleicht dem einen der beiden Stamm-Merkmale entweder so vollkommen, dass das andere der Beobachtung entschwindet, oder ist demselben so ähnlich, dass eine sichere Unterscheidung nicht stattfinden kann. Dieser Umstand ist von grosser Wichtigkeit für die Bestimmung und Einreihung der Formen, unter welchen die Nachkommen der Hybriden erscheinen. In der weiteren Besprechung werden jene Merkmale, welche ganz oder fast {11} unverändert in die Hybride-Verbindung übergehen, somit selbst die Hybridenmerkmale repräsentiren, als dominirende und jene, welche in der Verbindung latent werden, als recessive bezeichnet. Der Ausdruck »recessiv« wurde deshalb gewählt, weil die damit benannten Merkmale an den Hybriden zurücktreten oder ganz verschwinden, jedoch unter den Nachkommen derselben, wie später gezeigt wird, wieder unverändert zum Vorschein kommen.

Es wurde ferner durch sämmtliche Versuche erwiesen, dass es völlig gleichgültig ist, ob das dominirende Merkmal der Samen- oder Pollenpflanze angehört;[10] die Hybridform bleibt in beiden Fällen genau dieselbe. Diese interessante Erscheinung wird auch von *Gärtner* hervorgehoben, mit dem Bemerken, dass selbst der geübteste Kenner nicht im Stande ist, an einer Hybride zu unterscheiden, welche von den beiden verbundenen Arten die Samen- oder Pollenpflanze war.

Von den differirenden Merkmalen, welche in die Versuche eingeführt wurden, sind nachfolgende dominirend:

1. die runde oder rundliche Samenform mit oder ohne seichte Einsenkungen;

2. die gelbe Färbung des Samenalbumens;

3. die graue, graubraune oder lederbraune Farbe der Samenschale, in Verbindung mit violett-rother Blüthe und röthlicher Makel in den Blattachseln;

4. die einfach gewölbte Form der Hülse;

5. die grüne Färbung der unreifen Hülse, in Verbindung mit der gleichen Farbe des Stengels, der Blattrippen und des Kelches;

6. die Vertheilung der Blüthen längs des Stengels;

7. das Längenmaass der grösseren Axe.

Was das letztere Merkmal anbelangt, muss bemerkt werden, dass die längere der beiden Stammaxen von der Hybride gewöhnlich noch übertroffen wird, was vielleicht nur der grossen Ueppigkeit zuzuschreiben ist, welche in allen Pflanzentheilen auftritt, wenn Axen von sehr verschiedener Länge verbunden sind. So z. B. gaben bei wiederholtem Versuche Axen von 1' und 6' Länge in hybrider Vereinigung ohne Ausnahmen Axen, deren Länge zwischen 6–7½' schwankte.[11] Die Hybriden der Samenschale sind öfters mehr punctirt, auch fliessen die Punkte bisweilen in kleinere bläulich-violette Flecke zusammen. Die Punctirung erscheint häufig auch dann, wenn{12} sie selbst dem Stamm-Merkmale fehlt.[12]

Die Hybridformen der Samengestalt und des Albumens entwickeln sich unmittelbar nach der künstlichen Befruchtung durch die blosse Einwirkung des fremden Pollens. Sie können daher schon im ersten Versuchsjahre beobachtet werden, während alle übrigen selbstverständlich erst im folgenden Jahre an jenen Pflanzen hervortreten, welche aus den befruchteten Samen gezogen werden.

Die erste Generation der Hybriden.[13]

In dieser Generation treten nebst den dominirenden Merkmalen auch die recessiven in ihrer vollen Eigenthümlichkeit wieder auf, und zwar in dem entschieden ausgesprochenen Durchschnittsverhältnisse 3 : 1, so dass unter je vier Pflanzen aus dieser Generation drei den dominirenden und eine den recessiven Charakter erhalten. Es gilt das ohne Ausnahme für alle Merkmale, welche in die Versuche aufgenommen waren. Die kantig runzelige Gestalt der Samen, die grüne Färbung des Albumens, die weisse Farbe der Samenschale und der Blüthe, die Einschnürungen an den Hülsen, die gelbe

Farbe der unreifen Hülse, des Stengels, Kelches und der Blattrippen, der trugdoldenförmige Blüthenstand und die zwergartige Axe kommen in dem angeführten numerischen Verhältnisse wieder zum Vorschein ohne irgend eine wesentliche Abänderung. Uebergangsformen wurden bei keinem Versuche beobachtet.

Da die Hybriden, welche aus wechselseitiger Kreuzung hervorgingen, eine völlig gleiche[C] Gestalt besassen und auch in ihrer Weiterentwicklung keine bemerkenswerthe Abweichung ersichtlich wurde, konnten die beiderseitigen Resultate für jeden Versuch unter eine Rechnung gebracht werden. Die Verhältnisszahlen, welche für je zwei differirende Merkmale gewonnen wurden, sind folgende:

1. Versuch. Gestalt der Samen. Von 253 Hybriden wurden im zweiten Versuchsjahre 7324 Samen erhalten. Darunter waren rund oder rundlich 5474, und kantig runzelig 1850 Samen. Daraus ergiebt sich das Verhältniss 2,96 : 1.

2. Versuch. Färbung des Albumens. 258 Pflanzen gaben 8023 Samen, 6022 gelbe und 2001 grüne; daher stehen jene zu diesen im Verhältnisse 3,01 : 1.

Bei diesen beiden Versuchen erhält man gewöhnlich aus {13}jeder Hülse beiderlei Samen. Bei gut ausgebildeten Hülsen, welche durchschnittlich 6–9 Samen enthielten, kam es öfters vor, dass sämmtliche Samen rund (Versuch 1) oder sämmtliche gelb (Versuch 2) waren;[14] hingegen wurden mehr als 5 kantige oder 5 grüne in einer Hülse niemals beobachtet. Es scheint keinen Unterschied zu machen, ob die Hülse sich früher oder später an der Hybride entwickelt, ob sie der Hauptaxe oder einer Nebenaxe angehört. An einigen wenigen Pflanzen kamen in den zuerst gebildeten Hülsen nur einzelne Samen zur Entwicklung, und diese besassen dann ausschliesslich das eine der beiden Merkmale; in den später gebildeten Hülsen blieb jedoch das Verhältniss normal. So wie in einzelnen Hülsen, ebenso variirt die Vertheilung der Merkmale auch bei einzelnen Pflanzen. Zur Veranschaulichung mögen die ersten 10 Glieder aus beiden Versuchsreihen dienen:

	1. Versuch		2. Versuch	
	Gestalt der Samen		Färbung des Albumens	
Pflanze	rund	kantig	gelb	grün
1	45	12	25	11
2	27	8	32	7

3	24	7	14	5
4	19	10	70	27
5	32	11	24	13
6	26	6	20	6
7	88	24	32	13
8	22	10	44	9
9	28	6	50	14
10	25	7	44	18

Als Extreme in der Vertheilung der beiden Samenmerkmale an einer Pflanze wurden beobachtet bei dem 1. Versuche 43 runde und nur 2 kantige, ferner 14 runde und 15 kantige Samen. Bei dem 2. Versuche 32 gelbe und nur 1 grüner Same, aber auch 20 gelbe und 19 grüne.

Diese beiden Versuche sind wichtig für die Feststellung der mittleren Verhältnisszahlen, weil sie bei einer geringeren Anzahl von Versuchspflanzen sehr bedeutende Durchschnitte möglich machen. Bei der Abzählung der Samen wird jedoch, namentlich beim 2. Versuche, einige Aufmerksamkeit erfordert,{14} da bei einzelnen Samen mancher Pflanzen die grüne Färbung des Albumens weniger entwickelt wird und anfänglich leicht übersehen werden kann.[15] Die Ursache des theilweisen Verschwindens der grünen Färbung steht mit dem Hybriden-Charakter der Pflanzen in keinem Zusammenhange, indem dasselbe an der Stammpflanze ebenfalls vorkommt; auch beschränkt sich diese Eigenthümlichkeit nur auf das Individuum und vererbt sich nicht auf die Nachkommen. An luxurirenden Pflanzen wurde diese Erscheinung öfter beobachtet. Samen, welche während ihrer Entwicklung von Insecten beschädigt wurden, variiren oft in Farbe und Gestalt, jedoch sind bei einiger Uebung im Sortiren Fehler leicht zu vermeiden. Es ist fast überflüssig zu erwähnen, dass die Hülsen so lange an der Pflanze bleiben müssen, bis sie vollkommen ausgereift und trocken geworden sind, weil erst dann die Gestalt und Färbung der Samen vollständig entwickelt ist.

3. Versuch. Farbe der Samenschale. Unter 929 Pflanzen brachten 705 violett-rothe Blüthen und graubraune Samenschalen; 224 hatten weisse Blüthen und weisse Samenschalen. Daraus ergiebt sich das Verhältniss 3,15 : 1.

4. Versuch. Gestalt der Hülsen. Von 1181 Pflanzen hatten 882 einfach gewölbte, 299 eingeschnürte Hülsen. Daher das Verhältniss 2,95 : 1.

5. Versuch. Färbung der unreifen Hülse. Die Zahl der Versuchspflanzen betrug 580, wovon 428 grüne und 152 gelbe Hülsen besassen. Daher stehen jene zu diesen in dem Verhältnisse 2,82 : 1.

6. Versuch. Stellung der Blüthen. Unter 858 Fällen waren die Blüthen 651 Mal axenständig und 207 Mal endständig. Daraus das Verhältniss 3,14 : 1.

7. Versuch. Länge der Axe. Von 1064 Pflanzen hatten 787 die lange, 277 die kurze Axe. Daher das gegenseitige Verhältniss 2,84 : 1. Bei diesem Versuche wurden die zwergartigen Pflanzen behutsam ausgehoben und auf eigene Beete versetzt. Diese Vorsicht war nothwendig, weil sie sonst mitten unter ihren hochrankenden Geschwistern hätten verkümmern müssen. Sie sind schon in der ersten Jugendzeit an dem gedrungenen Wuchse und den dunkelgrünen dicken Blättern leicht zu unterscheiden.

Werden die Resultate sämmtlicher Versuche zusammengefasst, so ergibt sich zwischen der Anzahl der Formen mit {15} dem dominirenden und recessiven Merkmale das Durchschnittsverhältniss 2,98 : 1 oder 3 : 1.

Das dominirende Merkmal kann hier eine doppelte Bedeutung haben, nämlich die des Stammcharakters oder des Hybriden-Merkmales. In welcher von beiden Bedeutungen dasselbe in jedem einzelnen Falle vorkommt, darüber kann nur die nächste Generation entscheiden. Als Stamm-Merkmal muss dasselbe unverändert auf sämmtliche Nachkommen übergehen, als hybrides Merkmal hingegen ein gleiches Verhalten wie in der ersten Generation beobachten.

Fußnote:

[C] Nach eigenhändiger Korrektur Mendels in einem Separatabdruck des Wiener botanischen Institutes gleiche an Stelle des Wortes »völlige« gesetzt.

Die zweite Generation der Hybriden.

Jene Formen, welche in der ersten Generation den recessiven Charakter erhalten, variiren in der zweiten Generation in Bezug auf diesen Charakter nicht mehr, sie bleiben in ihren Nachkommen constant.

Anders verhält es sich mit jenen, welche in der ersten Generation das dominirende Merkmal besitzen. Von diesen geben zwei Theile Nachkommen, welche in dem Verhältnisse 3 : 1 das dominirende und recessive Merkmal an sich tragen, somit genau dasselbe Verhalten zeigen, wie die Hybridformen; nur ein Theil bleibt mit dem dominirenden Merkmale constant.

Die einzelnen Versuche lieferten nachfolgende Resultate:

1. Versuch. Unter 565 Pflanzen, welche aus runden Samen der ersten Generation gezogen wurden, brachten 193 wieder nur runde Samen und blieben demnach in diesem Merkmale constant; 372 aber gaben runde und kantige Samen zugleich, in dem Verhältnisse 3 : 1. Die Anzahl der Hybriden verhielt sich daher zu der Zahl der Constanten wie 1,93 : 1.

2. Versuch. Von 519 Pflanzen, welche aus Samen gezogen wurden, deren Albumen in der ersten Generation die gelbe Färbung hatte, gaben 166 ausschliesslich gelbe, 353 aber gelbe und grüne Samen in dem Verhältnisse 3 : 1. Es erfolgte daher eine Theilung in hybride und constante Formen nach dem Verhältnisse 2,13 : 1.

Für jeden einzelnen von den nachfolgenden Versuchen{16} wurden 100 Pflanzen ausgewählt, welche in der ersten Generation das dominirende Merkmal besassen, und um die Bedeutung desselben zu prüfen, von jeder 10 Samen angebaut.

3. Versuch. Die Nachkommen von 36 Pflanzen brachten ausschliesslich graubraune Samenschalen; von 64 Pflanzen wurden theils graubraune theils weisse erhalten.

4. Versuch. Die Nachkommen von 29 Pflanzen hatten nur einfach gewölbte Hülsen, von 71 hingegen theils gewölbte, theils eingeschnürte.

5. Versuch. Die Nachkommen von 40 Pflanzen hatten bloss grüne Hülsen, die von 60 Pflanzen theils grüne, theils gelbe.

6. Versuch. Die Nachkommen von 33 Pflanzen hatten bloss axenständige Blüthen, bei 67 hingegen waren sie theils axenständig, theils endständig.

7. Versuch. Die Nachkommen von 28 Pflanzen erhielten die lange Axe, die von 72 Pflanzen theils die lange, theils die kurze.

Bei jedem dieser Versuche wird eine bestimmte Anzahl Pflanzen mit dem dominirenden Merkmal constant. Für die Beurtheilung des Verhältnisses, in welchem die Ausscheidung der Formen mit dem constant bleibenden Merkmale erfolgt, sind die beiden ersten Versuche von besonderem Gewichte, weil bei diesen eine grössere Anzahl Pflanzen verglichen werden konnte. Die Verhältnisse 1,93 : 1 und 2,13 : 1 geben zusammen fast genau das Durchschnittsverhältniss 2 : 1. Der 6. Versuch hat ein ganz übereinstimmendes Resultat, bei den anderen schwankt das Verhältniss mehr oder weniger, wie es bei der geringen Anzahl von 100 Versuchspflanzen nicht anders zu erwarten war. Der 5. Versuch, welcher die grösste Abweichung zeigte, wurde wiederholt, und dann, statt des Verhältnisses 60 : 40, das Verhältniss 65 : 35 erhalten. Das Durchschnittsverhältniss 2 : 1 erscheint demnach als gesichert. Es ist damit erwiesen, dass von jenen Formen, welche in der ersten Generation das dominirende Merkmal besitzen, zwei Theile den hybriden Charakter an sich tragen, ein Theil aber mit dem dominirenden Merkmale constant bleibt.

Das Verhältniss 3 : 1, nach welchem die Vertheilung des dominirenden und recessiven Charakters in der ersten Generation erfolgt, löst sich demnach für alle Versuche in die Verhältnisse 2 : : 1 auf, wenn man zugleich das dominirende{17} Merkmal in seiner Bedeutung als hybrides Merkmal und als Stammcharakter unterscheidet. Da die Glieder der ersten Generation unmittelbar aus den Samen der Hybriden hervorgehen, wird es nun ersichtlich, dass die Hybriden je zweier differirender Merkmale Samen bilden, von denen die eine Hälfte wieder die Hybridform entwickelt, während die andere Pflanzen giebt, welche constant bleiben und zu gleichen Theilen den dominirenden und recessiven Charakter erhalten.

Die weiteren Generationen der Hybriden.

Die Verhältnisse, nach welchen sich die Abkömmlinge der Hybriden in der ersten und zweiten Generation entwickeln und theilen, gelten wahrscheinlich für alle weiteren Geschlechter. Der 1. und 2. Versuch sind nun schon durch 6 Generationen, der 3. und 7. durch 5, der 4., 5., 6. durch 4 Generationen durchgeführt, obwohl von der 3. Generation angefangen mit einer kleinen Anzahl Pflanzen, ohne dass irgend welche Abweichung bemerkbar wäre. Die Nachkommen der Hybriden theilten sich in jeder Generation nach den Verhältnissen 2 : 1 : 1 in hybride und constante Formen.

Bezeichnet A das eine der beiden constanten Merkmale, z. B. das dominirende, a das recessive, und Aa die Hybridform, in welcher beide vereinigt sind, so ergiebt der Ausdruck:

$$A + 2\,Aa + a$$

die Entwicklungsreihe für die Nachkommen der Hybriden je zweier differirender Merkmale.

Die von *Gärtner*, *Kölreuter* und Anderen gemachte Wahrnehmung, dass Hybriden die Neigung besitzen zu den Stammarten zurückzukehren, ist auch durch die besprochenen Versuche bestätigt. Es lässt sich zeigen, dass die Zahl der Hybriden, welche aus einer Befruchtung stammen, gegen die Anzahl der constant gewordenen Formen und ihrer Nachkommen von Generation zu Generation um ein Bedeutendes zurückbleibt, ohne dass sie jedoch ganz verschwinden könnten. Nimmt man durchschnittlich für alle Pflanzen in allen Generationen eine gleich grosse Fruchtbarkeit an, erwägt man ferner, dass jede Hybride Samen bildet, aus denen zur Hälfte wieder Hybriden {18} hervorgehen, während die andere Hälfte mit beiden

Merkmalen zu gleichen Theilen constant wird, so ergeben sich die Zahlenverhältnisse für die Nachkommen in jeder Generation aus folgender Zusammenstellung, wobei *A* und *a* wieder die beiden Stamm-Merkmale und *Aa* die Hybridform bezeichnet. Der Kürze wegen möge die Annahme gelten, dass jede Pflanze in jeder Generation nur 4 Samen bildet.

				in Verhältniss gestellt:				
Generation	*A*	*Aa*	*a*	*A*	:	*Aa*	:	*a*
1	1	2	1	1	:	2	:	1
2	6	4	6	3	:	2	:	3
3	28	8	28	7	:	2	:	7
4	120	16	120	15	:	2	:	15
5	496	32	496	31	:	2	:	31
n				2^n-1	:	2	:	2^n-1

In der 10. Generation z. B. ist 2^n-1 = 1023. Es giebt somit unter je 2048 Pflanzen, welche aus dieser Generation hervorgehen, 1023 mit dem constanten dominirenden, 1023 mit dem recessiven Merkmale und nur 2 Hybriden.

Die Nachkommen der Hybriden, in welchen mehrere differirende Merkmale verbunden sind.

Für die eben besprochenen Versuche wurden Pflanzen verwendet, welche nur in einem wesentlichen[16] Merkmale verschieden waren. Die nächste Aufgabe bestand darin, zu untersuchen, ob das gefundene Entwicklungsgesetz auch dann für je zwei differirende Merkmale gelte, wenn mehrere verschiedene Charaktere durch Befruchtung in der Hybride vereinigt sind.

Was die Gestalt der Hybriden in diesem Falle anbelangt, zeigten die Versuche übereinstimmend, dass dieselbe stets jener der beiden Stammpflanzen näher steht, welche die grössere Anzahl von dominirenden Merkmalen besitzt. Hat z. B. die Samenpflanze eine kurze Axe, endständige weisse Blüthen und einfach gewölbte Hülsen; die Pollenpflanze hingegen eine lange Axe, axenständige violett-rothe Blüthen und eingeschnürte Hülsen, so erinnert die Hybride nur durch die Hülsenform an die Samenpflanze, in den übrigen Merkmalen stimmt sie mit der Pollenpflanze überein. Besitzt eine der beiden Stammarten{19} nur dominirende Merkmale, dann ist die Hybride von derselben kaum oder gar nicht zu unterscheiden.

Mit einer grösseren Anzahl Pflanzen wurden zwei Versuche durchgeführt. Bei dem ersten Versuche waren die Stammpflanzen in der Gestalt der Samen und in der Färbung des Albumens verschieden; bei dem zweiten in der Gestalt der Samen, in der Färbung des Albumens und in der Farbe der Samenschale. Versuche mit Samenmerkmalen führen am einfachsten und sichersten zum Ziele.

Um einc lcichtere Uebersicht zu gewinnen, werden bei diesen Versuchen die differirenden Merkmale der Samenpflanze mit *A*, *B*, *C*, jene der Pollenpflanze mit *a*, *b*, *c* und die Hybridformen dieser Merkmale mit *Aa*, *Bb*, *Cc* bezeichnet.

Erster Versuch: *AB* Samenpflanze, *ab* Pollenpflanze,

A Gestalt rund, *a* Gestalt kantig,

B Albumen gelb, *b* Albumen grün.

Die befruchteten Samen erschienen rund und gelb, jenen der Samenpflanze ähnlich. Die daraus gezogenen Pflanzen gaben Samen von viererlei Art, welche oft gemeinschaftlich in einer Hülse lagen. Im Ganzen wurden von 15 Pflanzen 556 Samen erhalten, von diesen waren:

315 rund und gelb,

101 kantig und gelb,

108 rund und grün,

32 kantig und grün.

Alle wurden im nächsten Jahre angebaut. Von den runden gelben Samen gingen 11 nicht auf und 3 Pflanzen kamen nicht zur Fruchtbildung. Unter den übrigen Pflanzen hatten:

38	runde gelbe Samen	*AB*
65	runde gelbe und grüne Samen	*ABb*
60	runde gelbe und kantige gelbe Samen	*AaB*
138	runde gelbe und grüne, kantige gelbe und grüne Samen	*AaB*

Von den kantigen gelben Samen kamen 96 Pflanzen zur Fruchtbildung, wovon

28 nur kantige gelbe Samen hatten *aB*

68 kantige, gelbe und grüne Samen *aBb*

Von 108 runden grünen Samen brachten 102 Pflanzen Früchte, davon hatten:

35 nur runde grüne Samen *Ab*

67 runde und kantige grüne Samen *Aab*

Die kantigen grünen Samen gaben 30 Pflanzen mit durchaus {20} gleichen Samen; sie blieben constant *ab*

Die Nachkommen der Hybriden erscheinen demnach unter 9 verschiedenen Formen und zum Theile in sehr ungleicher Anzahl. Man erhält, wenn dieselben zusammengestellt und geordnet werden:

38	Pflanzen	mit	der	Bezeichnung	*AB*
35	»	»	»	»	*Ab*
28	»	»	»	»	*aB*
30	»	»	»	»	*ab*
65	»	»	»	»	*ABb*
68	»	»	»	»	*aBb*
60	»	»	»	»	*AaB*
67	»	»	»	»	*Aab*
138	»	»	»	»	*AaBb*

Sämmtliche Formen lassen sich in drei wesentlich verschiedene Abtheilungen bringen. Die erste umfasst jene mit der Bezeichnung *AB*, *Ab*, *aB*, *ab*; sie besitzen nur constante Merkmale und ändern sich in den nächsten Generationen nicht mehr. Jede dieser Formen ist durchschnittlich 33 Mal vertreten. Die zweite Gruppe enthält die Formen *ABb*, *aBb*, *AaB*, *Aab*; diese sind in einem Merkmale constant, in dem anderen hybrid, und variiren in der nächsten Generation nur hinsichtlich des hybriden Merkmales. Jede davon erscheint im Durchschnitte 65 Mal. Die Form *AaBb* kommt 138 Mal vor, ist in beiden Merkmalen hybrid, und verhält sich genau so, wie die Hybride, von der sie abstammt.

Vergleicht man die Anzahl, in welcher die Formen dieser Abtheilungen vorkommen, so sind die Durchschnittsverhältnisse 1 : 2 : 4 nicht zu verkennen. Die Zahlen 33, 65, 138 geben ganz günstige Annäherungswerthe an die Verhältnisszahlen 33, 66, 132.

Die Entwicklungsreihe besteht demnach aus 9 Gliedern. 4 davon kommen in derselben je einmal vor und sind in beiden Merkmalen constant; die Formen *AB*, *ab* gleichen den Stammarten, die beiden anderen stellen die ausserdem noch möglichen constanten Combinationen zwischen den verbundenen Merkmalen *A*, *a*, *B*, *b* vor. Vier Glieder kommen je 2 Mal vor und sind in einem Merkmale constant, in dem anderen hybrid. Ein Glied tritt 4 Mal auf und ist in beiden Merkmalen hybrid. Daher entwickeln sich die Nachkommen der Hybriden, wenn in denselben zweierlei differirende Merkmale verbunden sind, nach dem Ausdrucke:

$$\{21\} AB + Ab + aB + ab + 2ABb + 2aBb + 2AaB + 2Aab + 4AaBb.$$

Diese Entwicklungsreihe ist unbestritten eine Combinationsreihe, in welcher die beiden Entwicklungsreihen für die Merkmale *A* und *a*, *B* und *b* gliedweise verbunden sind. Man erhält die Glieder der Reihe vollzählig durch die Combinirung der Ausdrücke:

$$A + 2Aa + a \quad B + 2Bb + b$$

Zweiter Versuch: *ABC* Samenpflanze, *abc* Pollenpflanze,

A Gestalt rund, *a* Gestalt kantig,

B Albumen gelb, *b* Albumen grün.

C Schale graubraun, *c* Schale weiss.

Dieser Versuch wurde in ganz ähnlicher Weise wie der vorangehende durchgeführt. Er nahm unter allen Versuchen die meiste Zeit und Mühe in Anspruch. Von 24 Hybriden wurden im Ganzen 687 Samen erhalten, welche sämmtlich punktirt, graubraun oder graugrün gefärbt, rund oder kantig waren. Davon kamen im folgenden Jahre 639 Pflanzen zur Fruchtbildung, und wie die weiteren Untersuchungen zeigten, befanden sich darunter:

8	Pflanzen	*ABC*	22	Pflanzen	*ABCc*	45	Pflanzen	*ABbCc*
14	»	*ABc*	17	»	*AbCc*	36	»	*aBbCc*
9	»	*AbC*	25	»	*aBCc*	38	»	*AaBCc*
11	»	*Abc*	20	»	*abCc*	40	»	*AabCc*
8	»	*aBC*	15	»	*ABbC*	49	»	*AaBbC*
10	»	*aBc*	18	»	*ABbc*	48	»	*AaBbc*
10	»	*abC*	19	»	*aBbC*			
7	»	*abc*	24	»	*aBbc*			

14 » $AaBC$ 78 » $AaBbCc$
18 » $AaBc$
20 » $AabC$
16 » $Aabc$

Die Entwicklungsreihe umfasst 27 Glieder, davon sind 8 in allen Merkmalen constant, und jede kommt durchschnittlich 10 Mal vor; 12 sind in zwei Merkmalen constant, in dem dritten hybrid, jede erscheint im Durchschnitte 19 Mal; 6 sind in einem Merkmale constant, in den beiden anderen hybrid, jede davon tritt durchschnittlich 43 Mal auf; eine Form kommt{22} 78 Mal vor und ist in sämmtlichen Merkmalen hybrid. Die Verhältnisse 10 : 19 : 43 : 78 kommen den Verhältnissen 10 : 20 : 40 : 80 oder 1 : 2 : 4 : 8 so nahe, dass letztere ohne Zweifel die richtigen Werthe darstellen.

Die Entwicklung der Hybriden, wenn ihre Stammarten in drei Merkmalen verschieden sind, erfolgt daher nach dem Ausdrucke:

$$ABC + ABc + AbC + Abc + aBC + aBc + abC + abc + 2ABCc + 2AbCc + 2aBCc + 2abCc + 2ABbC + 2ABbc + 2aBbC + 2aBbc + 2AaBC + 2AaBc + 2AabC + 2Aabc + 4ABbCc + 4aBbCc + 4AaBCc + 4AabCc + 4AaBbC + 4AaBbc + 8AaBbCc.$$

Auch hier liegt eine Combinationsreihe vor, in welcher die Entwicklungsreihe für die Merkmale A und a, B und b, C und c mit einander verbunden sind. Die Ausdrücke:

$$A + 2Aa + a$$
$$B + 2Bb + b$$
$$C + 2Cc + c$$

geben sämmtliche Glieder der Reihe. Die constanten Verbindungen, welche in derselben vorkommen, entsprechen allen Combinationen, welche zwischen den Merkmalen A, B, C, a, b, c möglich sind; zwei davon, ABC und abc gleichen den beiden Stammpflanzen.

Ausserdem wurden noch mehrere Experimente mit einer geringeren Anzahl Versuchspflanzen durchgeführt, bei welchen die übrigen Merkmale zu zwei und drei hybrid verbunden waren; alle lieferten annähernd gleiche Resultate. Es unterliegt daher keinem Zweifel, dass für sämmtliche in die Versuche aufgenommenen Merkmale der Satz Gültigkeit habe: die Nachkommen der Hybriden, in welchen mehrere wesentlich verschiedene Merkmale vereinigt sind, stellen die Glieder einer Combinationsreihe vor, in welchen die Entwicklungsreihen für je zwei differirende Merkmale verbunden sind. Damit ist zugleich erwiesen, dass das Verhalten je zweier differirender Merkmale in hybrider Verbindung unabhängig ist von den anderweitigen Unterschieden an den beiden Stammpflanzen.

Bezeichnet *n* die Anzahl der charakteristischen Unterschiede an den beiden Stammpflanzen, so giebt 3^n die Gliederzahl der Combinationsreihe, 4^n die Anzahl der Individuen,{23} welche in die Reihe gehören, und 2^n die Zahl der Verbindungen, welche constant bleiben. So enthält z. B. die Reihe, wenn die Stammarten in 4 Merkmalen verschieden sind, $3^4 = 81$ Glieder, $4^4 = 256$ Individuen und $2^4 = 16$ constante Formen; oder was dasselbe ist, unter je 256 Nachkommen der Hybriden giebt es 81 verschiedene Verbindungen, von denen 16 constant sind.

Alle constanten Verbindungen, welche bei Pisum durch Combinirung der angeführten 7 charakteristischen Merkmale möglich sind, wurden durch wiederholte Kreuzung auch wirklich erhalten. Ihre Zahl ist durch $2^7 = 128$ gegeben. Damit ist zugleich der faktische Beweis geliefert, dass constante Merkmale, welche an verschiedenen Formen einer Pflanzensippe vorkommen, auf dem Wege der wiederholten künstlichen Befruchtung in alle Verbindungen treten können, welche nach den Regeln der Combination möglich sind.

Ueber die Blüthezeit der Hybriden sind die Versuche noch nicht abgeschlossen. Soviel kann indessen schon angegeben werden, dass dieselbe fast genau in der Mitte[17] zwischen jener der Samen- und Pollenpflanze steht, und die Entwicklung der Hybriden bezüglich dieses Merkmales wahrscheinlich in der nämlichen Weise erfolgt, wie es für die übrigen Merkmale der Fall ist. Die Formen, welche für Versuche dieser Art gewählt werden, müssen in der mittleren Blüthezeit wenigstens um 20 Tage verschieden sein; ferner ist nothwendig, dass die Samen beim Anbaue alle gleich tief in die Erde versenkt werden, um ein gleichzeitiges Keimen zu erzielen, dass ferner während der ganzen Blüthezeit grössere Schwankungen in der Temperatur und die dadurch bewirkte theilweise Beschleunigung oder Verzögerung des Aufblühens in Rechnung gezogen werden. Man sieht, dass dieser Versuch mancherlei Schwierigkeiten zu überwinden hat und grosse Aufmerksamkeit erfordert.

Versuchen wir die gewonnenen Resultate kurz zusammenzufassen, so finden wir, dass jene differirenden Merkmale, welche an den Versuchspflanzen eine leichte und sichere Unterscheidung zulassen, in hybrider Vereinigung ein völlig übereinstimmendes Verhalten beobachten. Die Nachkommen der Hybriden je zweier differirender Merkmale sind zur Hälfte wieder Hybriden, während die andere Hälfte zu gleichen Theilen mit dem Charakter der Samen- und Pollenpflanze constant wird. Sind mehrere differirende Merkmale durch Befruchtung in einer Hybride vereinigt, so bilden die{24} Nachkommen derselben die Glieder einer

Combinationsreihe, in welcher die Entwicklungsreihen für je zwei differirende Merkmale vereinigt sind.

Die vollkommene Uebereinstimmung, welche sämmtliche, dem Versuche unterzogenen Charaktere zeigen, erlaubt wohl und rechtfertigt die Annahme, dass auch ein gleiches Verhalten den übrigen Merkmalen zukomme, welche weniger scharf an den Pflanzen hervortreten und deshalb in die Einzelversuche nicht aufgenommen werden konnten. Ein Experiment über Blüthenstiele von verschiedener Länge gab im Ganzen ein ziemlich befriedigendes Resultat, obgleich die Unterscheidung und Einreihung der Formen nicht mit jener Sicherheit erfolgen konnte, welche für correcte Versuche unerlässlich ist.

Die Befruchtungszellen der Hybriden.

Die Resultate, zu welchen die vorausgeschickten Versuche führten, veranlassten weitere Experimente, deren Erfolg geeignet erscheint, Aufschlüsse über die Beschaffenheit der Keim- und Pollenzellen der Hybriden zu geben.[18] Einen wichtigen Anhaltspunkt bietet bei Pisum der Umstand, dass unter den Nachkommen der Hybriden constante Formen auftreten, und zwar in allen Combinirungen der verbundenen Merkmale. Soweit die Erfahrung reicht, finden wir es überall bestätigt, dass constante Nachkommen nur dann gebildet werden können, wenn die Keimzellen und der befruchtende Pollen gleichartig, somit beide mit der Anlage ausgerüstet sind, völlig gleiche Individuen zu beleben, wie das bei der normalen Befruchtung der reinen Arten der Fall ist. Wir müssen es daher als nothwendig erachten, dass auch bei Erzeugung der constanten Formen an der Hybridpflanze vollkommen gleiche Factoren zusammenwirken. Da die verschiedenen constanten Formen an einer Pflanze, ja in einer Blüthe derselben erzeugt werden, erscheint die Annahme folgerichtig, dass in den Fruchtknoten der Hybriden so vielerlei Keimzellen (Keimbläschen) und in den Antheren so vielerlei Pollenzellen gebildet werden, als constante Combinationsformen möglich sind, und dass diese Keim- und Pollenzellen ihrer inneren Beschaffenheit nach den einzelnen Formen entsprechen.

In der That lässt sich auf theoretischem Wege zeigen, dass diese Annahme vollständig ausreichen würde, um die Entwicklung{25} der Hybriden in den einzelnen Generationen zu erklären, wenn man zugleich voraussetzen dürfte, dass die verschiedenen Arten von Keim- und Pollenzellen an der Hybride durchschnittlich in gleicher Anzahl gebildet werden.

Um diese Voraussetzungen auf experimentellem Wege einer Prüfung zu unterziehen, wurden folgende Versuche ausgewählt: Zwei Formen, welche in der Gestalt der Samen und in der Färbung des Albumens constant verschieden waren, wurden durch Befruchtung verbunden.

Werden die differirenden Merkmale wieder mit *A*, *B*, *a*, *b* bezeichnet, so war:

AB Samenpflanze, *ab* Pollenpflanze,

A Gestalt rund, *a* Gestalt kantig,

B Albumen gelb, *b* Albumen grün.

Die künstlich befruchteten Samen wurden sammt mehreren Samen der beiden Stammpflanzen angebaut, und davon die kräftigsten Exemplare für die wechselseitige Kreuzung bestimmt. Befruchtet wurde:

1. die Hybride mit dem Pollen von *AB*

2. die Hybride » » » » *ab*

3. *AB* » » » » der Hybride

4. *ab* » » » » der Hybride

Für jeden von diesen 4 Versuchen wurden an 3 Pflanzen sämmtliche Blüthen befruchtet. War die obige Annahme richtig, so mussten sich an den Hybriden Keim- und Pollenzellen von den Formen *AB*, *Ab*, *aB*, *ab* entwickeln und es wurden verbunden:

1. die Keimzellen *AB*, *Ab*, *aB*, *ab* mit den Pollenzellen *AB*

2. » » *AB*, *Ab*, *aB*, *ab* » » » *ab*

3. » » *AB* » » » *AB*, *Ab*, *aB*, *ab*

4. » » *ab* » » » *AB*, *Ab*, *aB*, *ab*

Aus jedem von diesen Versuchen konnten dann nur folgende Formen hervorgehen:[19]

1. *AB*, *ABb*, *AaB*, *AaBb*

2. *AaBb*, *Aab*, *aBb*, *ab*

3. *AB*, *ABb*, *AaB*, *AaBb*

4. *AaBb*, *Aab*, *aBb*, *ab*

Wurden ferner die einzelnen Formen der Keim- und{26} Pollenzellen von der Hybride durchschnittlich in gleicher Anzahl gebildet, so mussten bei jedem Versuche die angeführten vier Verbindungen in numerischer Beziehung gleich stehen. Eine vollkommene Uebereinstimmung der Zahlenverhältnisse war indessen nicht zu erwarten, da bei jeder Befruchtung, auch bei der normalen, einzelne Keimzellen unentwickelt bleiben oder später verkümmern, und selbst manche von den gut ausgebildeten Samen nach dem Anbaue nicht zum Keimen gelangen. Auch beschränkt sich die gemachte Voraussetzung darauf, dass bei der Bildung der verschiedenartigen Keim- und Pollenzellen die gleiche Anzahl angestrebt werde, ohne dass diese an jeder einzelnen Hybride mit mathematischer Genauigkeit erreicht werden müsste.

Der erste und zweite Versuch hatten vorzugsweise den Zweck, die Beschaffenheit der hybriden Keimzellen zu prüfen, sowie der dritte und vierte Versuch über die Pollenzellen zu entscheiden hatte. Wie aus der obigen Zusammenstellung hervorgeht, mussten der erste und dritte Versuch, ebenso der zweite und vierte ganz gleiche Verbindungen liefern, auch sollte der Erfolg schon im zweiten Jahre an der Gestalt und Färbung der künstlich befruchteten Samen theilweise ersichtlich sein. Bei dem ersten und dritten Versuche kommen die dominirenden Merkmale der Gestalt und Farbe A und B in jeder Verbindung vor, und zwar zum Theile constant, zum Theile in hybrider Vereinigung mit den recessiven Charakteren a und b, weshalb sie sämmtlichen Samen ihre Eigenthümlichkeit aufprägen müssen. Alle Samen sollten daher, wenn die Voraussetzung eine richtige war, rund und gelb erscheinen. Bei dem zweiten und dritten Versuche hingegen ist eine Verbindung hybrid in Gestalt und Farbe, daher sind die Samen rund und gelb; eine andere ist hybrid in der Gestalt und constant in dem recessiven Merkmale der Farbe, daher die Samen rund und grün; die dritte ist constant in dem recessiven Merkmale der Gestalt und hybrid in der Farbe, daher die Samen kantig und gelb; die vierte ist constant in beiden recessiven Merkmalen, daher die Samen kantig und grün. Bei diesen beiden Versuchen waren daher viererlei Samen zu erwarten, nämlich runde gelbe, runde grüne, kantige gelbe, kantige grüne.

Die Ernte entsprach den gestellten Anforderungen vollkommen.

Es wurden erhalten bei dem{27}

1. Versuche 98 ausschliesslich runde gelbe Samen;

3. » 94 » » » »

2. » 31 runde gelbe, 26 runde grüne, 27 kantige gelbe, 26 kantige grüne Samen;

4. » 24 runde gelbe, 25 runde grüne, 22 kantige gelbe, 27 kantige grüne Samen.

An einem günstigen Erfolge war nun kaum mehr zu zweifeln, die nächste Generation musste die endgültige Entscheidung bringen. Von den angebauten Samen kamen im folgenden Jahre bei dem ersten Versuche 90, bei dem dritten 87 Pflanzen zur Fruchtbildung; von diesen brachten bei dem

Versuche

1.	3.		
20	25	runde gelbe Samen	*AB*
23	19	runde gelbe und grüne Samen	*ABb*
25	22	runde und kantige gelbe Samen	*AaB*
22	21	runde und kantige, gelbe und grüne Samen	*AaBb*

Bei dem zweiten und vierten Versuche gaben die runden und gelben Samen Pflanzen mit runden und kantigen, gelben und grünen Samen *AaBb*

von den runden grünen Samen wurden Pflanzen erhalten mit runden und kantigen grünen Samen *Aab*

die kantigen gelben Samen gaben Pflanzen mit kantigen gelben und grünen Samen *aBb*

aus den kantigen grünen Samen wurden Pflanzen gezogen, die wieder nur kantige grüne Samen brachten *ab*

Obwohl auch bei diesen beiden Versuchen einige Samen nicht keimten, konnte dadurch in den schon im vorhergehenden Jahre gefundenen Zahlen nichts geändert werden, da jede Samenart Pflanzen gab, die in Bezug auf die Samen unter sich gleich und von den anderen verschieden waren. Es brachten daher:

2. Versuch	4. Versuch		
31	24	Pflanzen Samen von der Form	*AaBb*
26	25	» » » » »	*Aab*
27	22	» » » » »	*aBb*
26	27	» » » » »	*ab*

Bei allen Versuchen erschienen daher sämmtliche Formen, welche die gemachte Voraussetzung verlangte, und zwar in nahezu gleicher Anzahl.

Bei einer weiteren Probe wurden die Merkmale der Blüthenfarbe{28} und Axenlänge in die Versuche aufgenommen und die Auswahl so getroffen, dass im dritten Versuchsjahre jedes Merkmal an der Hälfte sämmtlicher

Pflanzen hervortreten musste, falls die obige Annahme ihre Richtigkeit hatte. *A*, *B*, *a*, *b* dienen wieder zur Bezeichnung der verschiedenen Merkmale.

A Blüthen violett-roth, *a* Blüthen weiss,

B Axe lang, *b* Axe kurz.

Die Form *Ab* wurde befruchtet mit *ab*, woraus die Hybride *Aab* hervorging. Ferner wurde befruchtet *aB* gleichfalls mit *ab*, daraus die Hybride *aBb*. Im zweiten Jahre wurde für die weitere Befruchtung die Hybride *Aab* als Samenpflanze, die andere *aBb* als Pollenpflanze verwendet.

Samenpflanze *Aab*, Pollenpflanze *aBb*,

mögliche Keimzellen *Ab*, *ab*, Pollenzellen *aB*, *ab*.

Aus der Befruchtung zwischen den möglichen Keim- und Pollenzellen mussten vier Verbindungen hervorgehen, nämlich:

$$AaBb + aBb + Aab + ab.$$

Daraus wird ersichtlich, dass nach obiger Voraussetzung im dritten Versuchsjahre von sämmtlichen Pflanzen

die Hälfte	violett-rothe Blüthen haben sollte (*Aa*)	Glieder	: 1,3
»	weisse Blüthe (*a*)	»	: 2,4
»	eine lange Axe (*Bb*)	»	: 1,2
»	eine kurze Axe (*b*)	»	: 3,4

Aus 45 Befruchtungen des zweiten Jahres wurden 187 Samen erhalten, wovon im dritten Jahre 166 Pflanzen zur Blüthe gelangten. Darunter erschienen die einzelnen Glieder in folgender Anzahl:

Glied:	Blüthenfarbe:	Axe:	
1	violett-roth	lang	47 Mal
2	weiss	lang	40 »
3	violett-roth	kurz	38 »
4	weiss	kurz	41 »

Es kam daher

die violett-rothe Blüthenfarbe (*Aa*) an 85 Pflanzen vor

» weisse » (*a*) » 81 » »

» lange Axe (*Bb*) » 87 » »

» lange Axe (*b*) » 79 » »

Die aufgestellte Ansicht findet auch in diesem Versuche{29} eine ausreichende Bestätigung.

Für die Merkmale der Hülsenform, Hülsenfarbe und Blüthenstellung wurden ebenfalls Versuche im Kleinen angestellt und ganz gleich stimmende Resultate erhalten. Alle Verbindungen, welche durch die Vereinigung der verschiedenen Merkmale möglich wurden, erschienen pünktlich und in nahezu gleicher Anzahl.

Es ist daher auf experimentellem Wege die Annahme gerechtfertigt, dass die Erbsenhybriden Keim- und Pollenzellen bilden, welche ihrer Beschaffenheit nach in gleicher Anzahl allen constanten Formen entsprechen, welche aus der Combinirung der durch Befruchtung vereinigten Merkmale hervorgehen.

Die Verschiedenheit der Formen unter den Nachkommen der Hybriden, sowie die Zahlenverhältnisse, in welchen dieselben beobachtet werden, finden in dem eben erwiesenen Satze eine hinreichende Erklärung. Den einfachsten Fall bietet die Entwicklungsreihe für je zwei differirende Merkmale. Diese Reihe wird bekanntlich durch den Ausdruck: $A + 2Aa + a$ bezeichnet, wobei A und a die Formen mit den constant differirenden Merkmalen und Aa die Hybridgestalt beider bedeuten. Sie enthält unter drei verschiedenen Gliedern vier Individuen. Bei der Bildung derselben werden Pollen- und Keimzellen von der Form A und a durchschnittlich zu gleichen Theilen in die Befruchtung treten, daher jede Form zweimal, da vier Individuen gebildet werden. Es nehmen demnach an der Befruchtung theil:

die Pollenzellen $A + A + a + a$
die Keimzellen $A + A + a + a$

Es bleibt ganz dem Zufalle überlassen, welche von den beiden Pollenarten sich mit jeder einzelnen Keimzelle verbindet. Indessen wird es nach den Regeln der Wahrscheinlichkeit im Durchschnitte vieler Fälle immer geschehen, dass sich jede Pollenform A und a gleich oft mit jeder Keimzellform A und a vereinigt; es wird daher eine von den beiden Pollenzellen A mit einer Keimzelle A, die andere mit einer Keimzelle a bei der Befruchtung zusammentreffen, und ebenso eine Pollenzelle a mit einer Keimzelle A, die andere mit a verbunden werden.{30}

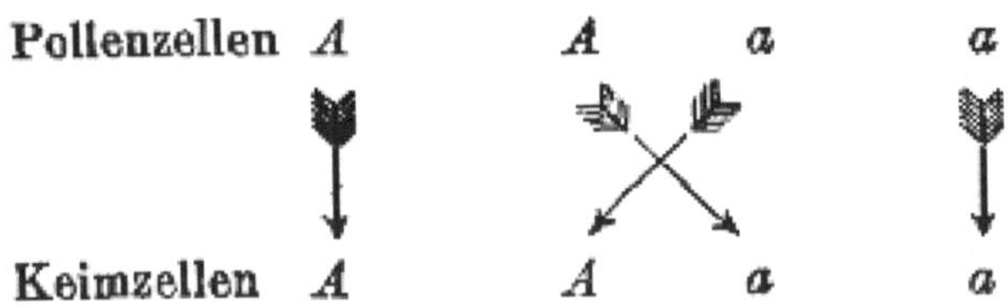

Das Ergebniss der Befruchtung lässt sich dadurch anschaulich machen, dass die Bezeichnungen für die verbundenen Keim- und Pollenzellen in Bruchform angesetzt werden, und zwar für die Pollenzellen über, für die Keimzellen unter dem Striche. Man erhält in dem vorliegenden Falle:

$${}^{A}/_{A} + {}^{A}/_{a} + {}^{a}/_{A} + {}^{a}/_{a}$$

Bei dem ersten und vierten Gliede sind Keim- und Pollenzellen gleichartig, daher müssen die Producte ihrer Verbindung constant sein, nämlich *A* und *a*; bei dem zweiten und dritten hingegen erfolgt abermals eine Vereinigung der beiden differirenden Stamm-Merkmale, daher auch die aus diesen Befruchtungen hervorgehenden Formen mit der Hybride, von welcher sie abstammen, ganz identisch sind. Es findet demnach eine wiederholte Hybridisirung statt. Daraus erklärt sich die auffallende Erscheinung, dass die Hybriden im Stande sind, nebst den beiden Stammformen auch Nachkommen zu erzeugen, die ihnen selbst gleich sind; ${}^{A}/_{a}$ und ${}^{a}/_{A}$ geben beide dieselbe Verbindung *Aa*, da es, wie schon früher angeführt wurde, für den Erfolg der Befruchtung keinen Unterschied macht, welches von den beiden Merkmalen der Pollen- oder Keimzelle angehört.[20] Es ist daher

$${}^{A}/_{A} + {}^{A}/_{a} + {}^{a}/_{A} + {}^{a}/_{a} = A + 2Aa + a.$$

So gestaltet sich der mittlere Verlauf bei der Selbstbefruchtung der Hybriden, wenn in denselben zwei differirende Merkmale vereinigt sind. In einzelnen Blüthen und an einzelnen Pflanzen kann jedoch das Verhältniss, in welchem die Formen der Reihe gebildet werden, nicht unbedeutende Störungen erleiden. Abgesehen davon, dass die Anzahl, in welcher beiderlei Keimzellen im Fruchtknoten vorkommen, nur im Durchschnitte als gleich angenommen werden kann, bleibt es ganz dem Zufalle überlassen, welche von den beiden Pollenarten an jeder einzelnen Keimzelle die Befruchtung vollzieht. Deshalb müssen die Einzelwerthe nothwendig Schwankungen{31} unterliegen, und es sind selbst extreme Fälle möglich, wie sie früher bei den Versuchen über die Gestalt der Samen und die Färbung des Albumens angeführt wurden. Die wahren Verhältnisszahlen können nur durch das Mittel gegeben werden, welches aus der Summe möglichst vieler Einzelwerthe gezogen wird; je grösser ihre Anzahl, desto genauer wird das bloss Zufällige eliminirt.

Die Entwicklungsreihe für Hybriden, in denen zweierlei differirende Merkmale verbunden sind, enthält unter 16 Individuen 9 verschiedene Formen, nämlich $AB + Ab + aB + ab + 2ABb + 2aBb + 2AaB + 2Aab + 4AaBb$. Zwischen den verschiedenen Merkmalen der Stammpflanzen *A*, *a* und *B*, *b* sind 4 constante Combinationen möglich, daher erzeugt auch die Hybride die entsprechenden 4 Formen von Keim- und Pollenzellen: *AB*, *Ab*, *aB*, *ab* und jede davon wird im Durchschnitte 4 Mal in Befruchtung treten, da in der Reihe 16 Individuen enthalten sind. Daher nehmen an der Befruchtung theil die

Pollenzellen: $AB + AB + AB + AB + Ab + Ab + Ab + Ab + aB + aB + aB + aB + ab + ab + ab + ab.$

Keimzellen: $AB + AB + AB + AB + Ab + Ab + Ab + Ab + aB + aB + aB + aB + ab + ab + ab + ab.$

Im mittleren Verlaufe der Befruchtung verbindet sich jede Pollenform gleich oft mit jeder Keimzellform, daher jede von den 4 Pollenzellen *AB* einmal mit einer von den Keimzellarten *AB*, *Ab*, *aB*, *ab*. Genau ebenso erfolgt die Vereinigung der übrigen Pollenzellen von den Formen *Ab*, *aB*, *ab* mit allen anderen Keimzellen. Man erhält demnach:

$$\frac{AB}{AB} + \frac{AB}{Ab} + \frac{AB}{aB} + \frac{AB}{ab} + \frac{Ab}{AB} + \frac{Ab}{Ab} + \frac{Ab}{aB} + \frac{Ab}{ab} + \frac{aB}{AB} + \frac{aB}{Ab} + \frac{aB}{aB} + \frac{aB}{ab} + \frac{ab}{AB} + \frac{ab}{Ab} + \frac{ab}{aB} + \frac{ab}{ab},$$

oder

$$AB + ABb + AaB + AaBb + ABb + Ab + AaBb + Aab + AaB + AaBb + aB + aBb + AaBb + Aab + aBb + ab = AB + Ab + aB + ab + 2ABb + 2aBb + 2AaB + 2Aab + 4AaBb.$$

In ganz ähnlicher Weise erklärt sich die Entwicklungsreihe der Hybriden, wenn in denselben dreierlei differirende Merkmale verbunden sind. Die Hybride bildet acht verschiedene{32} Formen von Keim- und Pollenzellen: *ABC*, *ABc*, *AbC*, *Abc*, *aBC*, *aBc*, *abC*, *abc*, und jede Pollenform vereinigt sich wieder durchschnittlich einmal mit jeder Keimzellform.

Das Gesetz der Combinirung der differirenden Merkmale, nach welchem die Entwicklung der Hybriden erfolgt, findet demnach seine Begründung und Erklärung in dem erwiesenen Satze, dass die Hybriden Keim- und Pollenzellen erzeugen, welche in gleicher Anzahl allen constanten Formen entsprechen, die aus der Combinirung der durch Befruchtung vereinigten Merkmale hervorgehen.

Versuche über die Hybriden anderer Pflanzenarten.

Es wird die Aufgabe weiterer Versuche sein, zu ermitteln, ob das für Pisum gefundene Entwicklungsgesetz auch bei den Hybriden anderer Pflanzen Geltung habe. Zu diesem Zwecke wurden in der letzten Zeit mehrere Versuche eingeleitet. Beendet sind zwei kleinere Experimente mit Phaseolusarten, welche hier Erwähnung finden mögen.

Ein Versuch mit Phaseolus vulgaris und Phaseolus nanus L. gab ein ganz übereinstimmendes Resultat. Ph. nanus hatte nebst der zwergartigen Axe grüne einfach gewölbte Hülsen, Ph. vulgaris hingegen eine 10–12' hohe Axe und gelb gefärbte, zur Zeit der Reife eingeschnürte Hülsen. Die Zahlenverhältnisse, in welchen die verschiedenen Formen in den einzelnen Generationen vorkamen, waren dieselben wie bei Pisum. Auch die Entwicklung der constanten Verbindungen erfolgte nach dem Gesetze der einfachen Combinirung der Merkmale, genau so, wie es bei Pisum der Fall ist. Es wurden erhalten:

Constante Verbindung:	Axe:	Farbe der unreifen Hülse:	Form der reifen Hülse:
1	lang	grün	gewölbt
2	»	»	eingeschnürt
3	»	gelb	gewölbt
4	»	»	eingeschnürt
5	kurz	grün	gewölbt
6	»	»	eingeschnürt
7	»	gelb	gewölbt
8	»	»	eingeschnürt

Die grüne Hülsenfarbe, die gewölbte Form der Hülse und{33} die hohe Axe waren, wie bei Pisum, dominirende Merkmale.

Ein anderer Versuch mit zwei sehr verschiedenen Phaseolusarten hatte nur einen theilweisen Erfolg. Als Samenpflanze diente Ph. nanus L., eine ganz constante Art mit weissen Blüthen in kurzen Trauben und kleinen weissen Samen in geraden, gewölbten und glatten Hülsen; als Pollenpflanze Ph. multiflorus W. mit hohem windenden Stengel, purpurrothen Blüthen in sehr langen Trauben, rauhen sichelförmig gekrümmten Hülsen und grossen Samen, welche auf pfirsichblüthrothem Grunde schwarz gefleckt und geflammt sind.

Die Hybride hatte mit der Pollenpflanze die grösste Aehnlichkeit, nur die Blüthen erschienen weniger intensiv gefärbt.[21] Ihre Fruchtbarkeit war eine sehr beschränkte, von 17 Pflanzen, die zusammen viele hundert Blüthen entwickelten, wurden im Ganzen nur 49 Samen geerntet. Diese waren von mittlerer Grüsse und besassen eine ähnliche Zeichnung wie Ph. multiflorus; auch die Grundfarbe war nicht wesentlich verschieden. Im nächsten Jahre wurden davon 44 Pflanzen erhalten, von denen nur 31 zur Blüthe gelangten. Die Merkmale von Ph. nanus, welche in der Hybride sämmtlich latent wurden, kamen in verschiedenen Combinirungen wieder zum Vorscheine, das Verhältniss derselben zu den dominirenden musste jedoch bei der geringen Anzahl von Versuchspflanzen sehr schwankend bleiben; bei einzelnen Merkmalen, wie bei jenen der Axe und der Hülsenform, war dasselbe indessen wie bei Pisum fast genau 1 : 3.

So gering auch der Erfolg dieses Versuches für die Feststellung der Zahlenverhältnisse sein mag, in welchen die verschiedenen Formen vorkamen, so bietet er doch anderseits den Fall einer merkwürdigen Farbenwandlung an den Blüthen und Samen der Hybriden dar. Bei Pisum treten bekanntlich die Merkmale der Blüthen- und Samenfarbe in der ersten und den weiteren Generationen unverändert hervor und die Nachkommen der Hybriden tragen ausschliesslich das eine oder das andere der beiden Stamm-Merkmale an sich. Anders verhält sich die Sache bei dem vorliegenden Versuche. Die weisse Blumen- und Samenfarbe von Ph. nanus erschien allerdings gleich in der ersten Generation an einem ziemlich fruchtbaren Exemplare, allein die übrigen 30 Pflanzen entwickelten Blüthenfarben, die verschiedene Abstufungen von Purpurroth bis Blassviolett darstellen.[22] Die Färbung der {34} Samenschale war nicht minder verschieden, als die der Blüthe. Keine Pflanze konnte als vollkommen fruchtbar gelten, manche setzten gar keine Früchte an, bei anderen entwickelten sich dieselben erst aus den letzten Blüthen und kamen nicht mehr zur Reife, nur von 15 Pflanzen wurden gut ausgebildete Samen geerntet. Die meiste Neigung zur Unfruchtbarkeit zeigten die Formen mit vorherrschend rother Blüthe, indem von 16 Pflanzen nur 4 reife Samen gaben. Drei davon hatten eine ähnliche Samenzeichnung wie Ph. multiflorus, jedoch eine mehr oder weniger blasse Grundfarbe, die vierte Pflanze brachte nur einen Samen von einfach brauner Färbung. Die Formen mit überwiegend violetter Blüthenfarbe hatten dunkelbraune, schwarzbraune und ganz schwarze Samen.

Der Versuch wurde noch durch zwei Generationen unter gleich ungünstigen Verhältnissen fortgeführt, da selbst unter den Nachkommen ziemlich fruchtbarer Pflanzen wieder ein Theil wenig fruchtbar oder ganz steril wurde. Andere Blüthen- und Samenfarben, als die angeführten, kamen weiter nicht vor. Die Formen, welche in der ersten Generation eines oder mehrere von den recessiven Merkmalen erhielten, blieben in Bezug auf diese ohne Ausnahme constant. Auch von jenen Pflanzen, welche violette Blüthen und braune oder schwarze Samen besassen, änderten einzelne in den nächsten Generationen die Blumen- und Samenfarbe nicht mehr, die Mehrzahl jedoch erzeugte nebst ganz gleichen Nachkommen auch solche, welche weisse Blüthen und eben so gefärbte Samenschalen erhielten. Die rothblühenden Pflanzen blieben so wenig fruchtbar, dass sich über ihre Weiterentwicklung nichts mit Bestimmtheit sagen lässt.

Ungeachtet der vielen Störungen, mit welchen die Beobachtung zu kämpfen hatte, geht doch so viel aus diesem Versuche hervor, dass die Entwicklung der Hybriden in Bezug auf jene Merkmale, welche die Gestalt der Pflanze betreffen, nach demselben Gesetze wie bei Pisum erfolgt. Rücksichtlich der Farbenmerkmale scheint es allerdings schwierig zu sein, eine genügende Uebereinstimmung aufzufinden: Abgesehen davon, dass aus der Verbindung einer weissen und purpurrothen Färbung eine ganze Reihe von Farben hervorgeht, von Purpur bis Blassviolett und Weiss, muss auch der Umstand auffallen, dass unter 31 blühenden Pflanzen nur eine den recessiven Charakter der weissen Färbung erhielt, während{35} das bei Pisum durchschnittlich schon an jeder vierten Pflanze der Fall ist.

Aber auch diese räthselhaften Erscheinungen würden sich wahrscheinlich nach dem für Pisum geltenden Gesetze erklären lassen, wenn man voraussetzen dürfte, dass die Blumen- und Samenfarbe des Ph. multiflorus aus zwei oder mehreren ganz selbstständigen Farben zusammengesetzt sei, die sich einzeln ebenso verhalten, wie jedes andere constante Merkmal an der Pflanze. Wäre die Blüthenfarbe A zusammengesetzt aus den selbstständigen Merkmalen $A_1 + A_2 + ...$, welche den Gesammteindruck der purpurrothen Färbung hervorrufen, so müssten durch Befruchtung mit dem differirenden Merkmale der weissen Farbe a die hybriden Verbindungen $A_1a + \ A_2a + ...$ gebildet werden, und ähnlich würde es sich mit der correspondirenden Färbung der Samenschale verhalten. Nach der obigen Voraussetzung wäre jede von diesen hybriden Farbenverbindungen selbstständig und würde sich demnach ganz unabhängig von den übrigen entwickeln. Man sieht dann leicht ein, dass aus der Combinirung der einzelnen Entwicklungsreihen eine vollständige Farbenreihe hervorgehen müsste. Wäre z. B. $A = A_1 + A_2$, so entsprechen den Hybriden A_1a und A_2a die Entwicklungsreihen

$$A_1 + 2A_1a + a$$
$$A_2 + 2A_2a + a.$$

Die Glieder dieser Reihen können in 9 verschiedene Verbindungen treten und jede davon stellt die Bezeichnung für eine andere Farbe vor:

$1A_1A_2 \quad 2A_1aA_2 \quad 1A_2a$

$2A_1A_2a \quad 4A_1aA_2a \quad 2A_2aa$

$1A_1a \quad 2A_1aa \quad 1aa.$

Die den einzelnen Verbindungen vorausgesetzten Zahlen geben zugleich an, wie viele Pflanzen mit der entsprechenden Färbung in die Reihe gehören. Da die Summe derselben 16 beträgt, so sind sämmtliche Farben im Durchschnitte auf je 16 Pflanzen vertheilt, jedoch, wie die Reihe selbst zeigt, in ungleichen Verhältnissen.

Würde die Farbenentwicklung wirklich in dieser Weise erfolgen, so könnte auch der oben angeführte Fall eine Erklärung finden, dass nämlich die weisse Blüthen- und Hülsenfarbe unter 31 Pflanzen der ersten Generation nur einmal vorkam. Diese Färbung ist in der Reihe nur einmal enthalten,{36} und könnte daher auch nur im Durchschnitte unter je 16, bei drei Farbenmerkmalen sogar nur unter 64 Pflanzen einmal entwickelt werden.[23]

Es darf jedoch nicht vergessen werden, dass die hier versuchte Erklärung auf einer blossen Vermuthung beruht, die weiter nichts für sich hat, als das sehr unvollständige Resultat des eben besprochenen Versuches. Es wäre übrigens eine lohnende Arbeit, die Farbenentwicklung der Hybriden durch ähnliche Versuche weiter zu verfolgen, da es wahrscheinlich ist, dass wir auf diesem Wege die ausserordentliche Mannigfaltigkeit in der Färbung unserer Zierblumen begreifen lernen.

Bis jetzt ist mit Sicherheit kaum mehr bekannt, als dass die Blüthenfarbe bei den meisten Zierpflanzen ein äusserst veränderliches Merkmal ist. Man hat häufig die Meinung ausgesprochen, dass die Stabilität der Arten durch die Cultur in hohem Grade erschüttert oder ganz gebrochen werde, und ist sehr geneigt, die Entwicklung der Culturformen als eine regellose und zufällige hinzustellen; dabei wird gewöhnlich auf die Färbung der Zierpflanzen, als Muster aller Unbeständigkeit, hingewiesen. Es ist jedoch nicht einzusehen, warum das blosse Versetzen in den Gartengrund eine so durchgreifende und nachhaltige Revolution im Pflanzenorganismus zur Folge haben müsse. Niemand wird im Ernste behaupten wollen, dass die Entwicklung der Pflanze im freien Lande durch andere Gesetze geleitet wird, als im Gartenbeete. Hier wie dort müssen typische Abänderungen auftreten, wenn die Lebensbedingungen für eine Art geändert werden und diese die Fähigkeit besitzt, sich den neuen Verhältnissen anzupassen. Es wird gerne zugegeben, dass durch die Cultur die Entstehung neuer Varietäten begünstigt und durch die Hand des Menschen manche Abänderung erhalten wird, welche im freien Zustande unterliegen müsste, allein nichts berechtigt uns zu der Annahme, dass die Neigung zur Varietätenbildung so ausserordentlich gesteigert werde, dass die Arten bald alle Selbstständigkeit verlieren und ihre Nachkommen in einer endlosen Reihe höchst veränderlicher Formen aus einander gehen. Wäre die Aenderung in den Vegetationsbedingungen die alleinige Ursache der Variabilität, so dürfte man erwarten, dass jene Culturpflanzen, welche Jahrhunderte hindurch unter fast gleichen Verhältnissen angebaut wurden, wieder an Selbstständigkeit gewonnen hätten. Das ist bekanntlich nicht der Fall, da gerade unter diesen nicht bloss die verschiedensten, sondern auch die veränderlichsten{37} Formen gefunden werden. Nur die Leguminosen wie Pisum, Phaseolus, Lens, deren Befruchtungsorgane durch das Schiffchen geschätzt sind, machen davon eine bemerkenswerthe Ausnahme. Auch da sind während einer mehr als 1000jährigen Cultur unter den mannigfaltigsten Verhältnissen zahlreiche Varietäten entstanden, diese behaupten jedoch unter gleich bleibenden Lebensbedingungen eine Selbstständigkeit, wie sie wild wachsenden Arten zukommt.

Es bleibt mehr als wahrscheinlich, dass für die Veränderlichkeit der Culturgewächse ein Factor thätig ist, dem bisher wenig Aufmerksamkeit zugewendet wurde. Verschiedene Erfahrungen drängen zu der Ansicht, dass unsere Culturpflanzen mit wenigen Ausnahmen Glieder verschiedener Hybridreihen sind, deren gesetzmässige Weiterentwicklung durch häufige Zwischenkreuzungen abgeändert und aufgehalten wird. Es ist der Umstand nicht zu übersehen, dass die cultivirten Gewächse meistens in grösserer Anzahl neben einander gezogen werden, wodurch für die wechselseitige Befruchtung zwischen den vorhandenen Varietäten und mit den Arten selbst die günstigste Gelegenheit geboten wird. Die Wahrscheinlichkeit dieser Ansicht wird durch die Thatsache unterstützt, dass unter dem grossen Heere veränderlicher Formen immer einzelne gefunden werden, welche in dem einen oder anderen Merkmale constant bleiben, wenn nur jeder fremde Einfluss sorgfältig abgehalten wird. Diese Formen entwickeln sich genau eben so, wie gewisse Glieder der zusammengesetzten Hybridreihen. Auch bei dem empfindlichsten aller Merkmale, bei jenem der Farbe, kann es der aufmerksamen Beobachtung nicht entgehen, dass an den einzelnen Formen die Neigung zur Veränderlichkeit in sehr verschiedenem Grade vorkommt. Unter Pflanzen, die aus einer spontanen Befruchtung stammen, giebt es oft solche, deren Nachkommen in Beschaffenheit und Anordnung der Farben weit auseinandergehen, während andere wenig abweichende Formen liefern, und unter einer grösseren Anzahl einzelne getroffen werden, welche ihre Blumenfarbe unverändert auf die Nachkommen übertragen. Die cultivirten Dianthusarten geben dafür einen lehrreichen Beleg. Ein weiss blühendes Exemplar von Dianthus Caryophyllus, welches selbst von einer weissblumigen Varietät abstammte, wurde während der Blüthezeit in einem Glashause abgesperrt; die zahlreich davon gewonnenen Samen gaben

Pflanzen mit durchaus gleicher weisser Blüthenfarbe. Ein ähnliches Resultat{38} wurde von einer rothen, etwas ins Violette schimmernden und einer weissen, roth gestreiften Abart erhalten. Viele andere hingegen, welche auf dieselbe Weise geschätzt wurden, gaben mehr oder weniger verschieden gefärbte und gezeichnete Nachkommen.

Wer die Färbungen, welche bei Zierpflanzen aus gleicher Befruchtung hervorgehen, überblickt, wird sich nicht leicht der Ueberzeugung verschliessen können, dass auch hier die Entwicklung nach einem bestimmten Gesetze erfolgt, welches möglicherweise seinen Ausdruck in der Combinirung mehrerer selbstständiger Farbenmerkmale findet.

Schlussbemerkungen.

Es dürfte nicht ohne Interesse sein, die bei Pisum gemachten Beobachtungen mit den Resultaten zu vergleichen, zu welchen die beiden Autoritäten in diesem Fache, *Kölreuter* und *Gärtner*, bei ihren Forschungen gelangt sind. Nach der übereinstimmenden Ansicht beider halten die Hybriden der äusseren Erscheinung nach entweder die Mittelform zwischen den Stammarten, oder sie sind dem Typus der einen oder der anderen näher gerückt, manchmal von denselben kaum zu unterscheiden. Aus den Samen derselben gehen gewöhnlich, wenn die Befruchtung durch den eigenen Pollen geschah, verschiedene von dem normalen Typus abweichende Formen hervor. In der Regel behält die Mehrzahl der Individuen aus einer Befruchtung die Form der Hybride bei, während andere wenige der Samenpflanze ähnlicher werden und ein oder das andere Individuum der Pollenpflanze nahe kommt. Das gilt jedoch nicht von allen Hybriden ohne Ausnahme. Bei einzelnen sind die Nachkommen theils der einen theils der anderen Stammpflanze näher gerückt, oder sie neigen sich sämmtlich mehr nach der einen oder der anderen Seite hin; bei einigen aber bleiben sie der Hybride vollkommen gleich und pflanzen sich unverändert fort. Die Hybriden der Varietäten verhalten sich wie die Specieshybriden, nur besitzen sie eine noch grössere Veränderlichkeit der Gestalten und eine mehr ausgesprochene Neigung, zu den Stammformen zurück zu kehren.[24]

In Bezug auf die Gestalt der Hybriden und ihre in der Regel erfolgende Entwicklung ist eine Uebereinstimmung mit den bei Pisum gemachten Beobachtungen nicht zu verkennen. Anders verhält es sich mit den erwähnten Ausnahmsfällen.{39} *Gärtner* gesteht selbst, dass die genaue Bestimmung, ob eine Form mehr der einen oder der anderen von den beiden Stammarten ähnlich sei, öfter grosse Schwierigkeiten habe, indem dabei sehr viel auf die subjective Anschauung des Beobachters ankommt. Es konnte jedoch auch ein anderer Umstand dazu beitragen, dass die Resultate trotz der sorgfältigsten Beobachtung und Unterscheidung schwankend und unsicher wurden. Für die Versuche dienten grösstentheils Pflanzen, welche als gute Arten gelten und in einer grösseren Anzahl von Merkmalen verschieden sind. Nebst den scharf hervortretenden Charakteren müssen da, wo es sich im Allgemeinen um eine grössere oder geringere Aehnlichkeit handelt, auch jene Merkmale eingerechnet werden, welche oft schwer mit Worten zu fassen sind, aber dennoch hinreichen, wie jeder Pflanzenkenner weiss, um den Formen ein fremdartiges Aussehen zu geben. Wird angenommen, dass die Entwicklung der Hybriden nach dem für Pisum geltenden Gesetze erfolgte, so musste die Reihe bei jedem einzelnen Versuche sehr viele Formen umfassen, da die Gliederzahl bekanntlich mit der Anzahl der differirenden Merkmale nach den Potenzen von 3 zunimmt. Bei einer verhältnissmässig kleinen Anzahl von Versuchspflanzen konnte dann das Resultat nur annähernd richtig sein und in einzelnen Fällen nicht unbedeutend abweichen. Wären z. B. die beiden Stammarten in 7 Merkmalen verschieden und würden aus den Samen ihrer Hybriden zur Beurtheilung des Verwandtschaftsgrades der Nachkommen 100 bis 200 Pflanzen gezogen, so sehen wir leicht ein, wie unsicher das Urtheil ausfallen müsste, da für 7 differirende Merkmale die Entwicklungsreihe 16,384 Individuen unter 2187 verschiedenen Formen enthält. Es könnte sich bald die eine, bald die andere Verwandtschaft mehr geltend machen, je nachdem der Zufall dem Beobachter diese oder jene Formen in grösserer Anzahl in die Hand spielt.

Kommen ferner unter den differirenden Merkmalen zugleich dominirende vor, welche ganz oder fast unverändert auf die Hybride übergehen, dann muss an den Gliedern der Entwicklungsreihe immer jene der beiden Stammarten mehr hervortreten, welche die grössere Anzahl der dominirenden Merkmale besitzt. In dem früher bei Pisum für dreierlei differirende Merkmale angeführten Versuche gehörten die dominirenden Charaktere sämmtlich der Samenpflanze an. Obwohl die Glieder der Reihe sich ihrer inneren Beschaffenheit nach gleichmässig zu beiden Stammpflanzen hinneigen, erhielt doch{40} bei diesem Versuche der Typus der Samenpflanze ein so bedeutendes Uebergewicht, dass unter je 64 Pflanzen der ersten Generation 54 derselben ganz gleich kamen, oder nur in einem Merkmale verschieden waren. Man sieht, wie gewagt es unter Umständen sein kann, bei Hybriden aus der äusseren Uebereinstimmung Schlüsse auf ihre innere Verwandtschaft zu ziehen.

Gärtner erwähnt, dass in jenen Fällen, wo die Entwicklung eine regelmässige war, unter den Nachkommen der Hybriden nicht die beiden Stammarten selbst erhalten wurden, sondern nur einzelne ihnen näher verwandte Individuen. Bei nicht sehr ausgedehnten Entwicklungsreihen konnte es in der That nicht anders eintreffen. Für 7 differirende Merkmale z. B. kommen unter mehr als 16,000 Nachkommen der Hybride die beiden

Stammformen nur je einmal vor. Es ist demnach nicht leicht möglich, dass dieselben schon unter einer geringen Anzahl von Versuchspflanzen erhalten werden; mit einiger Wahrscheinlichkeit darf man jedoch auf das Erscheinen einzelner Formen rechnen, die demselben in der Reihe nahe stehen.

Einer wesentlichen Verschiedenheit begegnen wir bei jenen Hybriden, welche in ihren Nachkommen constant bleiben und sich eben so wie die reinen Arten fortpflanzen. Nach *Gärtner* gehören hieher die ausgezeichnet fruchtbaren Hybriden: Aquilegia atropurpurea-canadensis, Lavatera pseudolbia-thuringiaca, Geum urbano-rivale und einige Dianthushybriden; nach *Wichura* die Hybriden der Weidenarten. Für die Entwicklungsgeschichte der Pflanzen ist dieser Umstand von besonderer Wichtigkeit, weil constante Hybriden die Bedeutung neuer Arten erlangen[25]. Die Richtigkeit des Sachverhaltes ist durch vorzügliche Beobachter verbürgt und kann nicht in Zweifel gezogen werden. *Gärtner* hatte Gelegenheit, den Dianthus Armeria-deltoides bis in die 10. Generation zu verfolgen, da sich derselbe regelmässig im Garten von selbst fortpflanzte.

Bei Pisum wurde es durch Versuche erwiesen, dass die Hybriden verschiedenartige Keim- und Pollenzellen bilden, und dass hierin der Grund für die Veränderlichkeit ihrer Nachkommen liegt. Auch bei anderen Hybriden, deren Nachkommen sich ähnlich verhalten, dürfen wir eine gleiche Ursache voraussetzen; für jene hingegen, welche constant bleiben, scheint die Annahme zulässig, dass ihre Befruchtungszellen gleichartig sind und mit der Hybriden-Grundzelle übereinstimmen. Nach der Ansicht berühmter Physiologen vereinigen sich bei den Phanerogamen zu dem Zwecke der{41} Fortpflanzung je eine Keim- und Pollenzelle zu einer einzigen Zelle[D], welche sich durch Stoffaufnahme und Bildung neuer Zellen zu einem selbstständigen Organismus weiter zu entwickeln vermag. Diese Entwicklung erfolgt nach einem constanten Gesetze, welches in der materiellen Beschaffenheit und Anordnung der Elemente begründet ist, die in der Zelle zur lebensfähigen Vereinigung gelangten. Sind die Fortpflanzungszellen gleichartig und stimmen dieselben mit der Grundzelle der Mutterpflanze überein, dann wird die Entwicklung des neuen Individuums durch dasselbe Gesetz geleitet, welches für die Mutterpflanze gilt. Gelingt es, eine Keimzelle mit einer ungleichartigen Pollenzelle zu verbinden, so müssen wir annehmen, dass zwischen jenen Elementen beider Zellen, welche die gegenseitigen Unterschiede bedingen, irgend eine Ausgleichung stattfindet. Die daraus hervorgehende Vermittlungszelle wird zur Grundlage des Hybriden-Organismus, dessen Entwicklung nothwendig nach einem anderen Gesetze erfolgt, als bei jeder der beiden Stammarten. Wird die Ausgleichung als eine vollständige angenommen, in dem Sinne nämlich, dass der hybride Embryo aus gleichartigen Zellen gebildet wird, in welchen die Differenzen gänzlich und bleibend vermittelt sind, so würde sich als weitere Folgerung ergeben, dass die Hybride, wie jede andere selbstständige Pflanzenart, in ihren Nachkommen constant bleiben werde. Die Fortpflanzungszellen, welche in dem Fruchtknoten und den Antheren derselben gebildet werden, sind gleichartig und stimmen mit der zu Grunde liegenden Vermittlungszelle überein.

Bezüglich jener Hybriden, deren Nachkommen veränderlich{42} sind, dürfte man vielleicht annehmen, dass zwischen den differirenden Elementen der Keim- und Pollenzelle wohl insofern eine Vermittlung stattfindet, dass noch die Bildung einer Zelle als Grundlage der Hybride möglich wird, dass jedoch die Ausgleichung der widerstrebenden Elemente nur eine vorübergehende sei und nicht über das Leben der Hybridpflanze hinausreiche. Da in dem Habitus derselben während der ganzen Vegetationsdauer keine Aenderungen wahrnehmbar sind, müssten wir weiter folgern, dass es den differirenden Elementen erst bei der Entwicklung der Befruchtungszellen gelinge, aus der erzwungenen Verbindung herauszutreten. Bei der Bildung dieser Zellen betheiligen sich alle vorhandenen Elemente in völlig freier und gleichmässiger Anordnung, wobei nur die differirenden sich gegenseitig ausschliessen. Auf diese Weise würde die Entstehung so vielerlei Keim- und Pollenzellen ermöglicht, als die bildungsfähigen Elemente Combinationen zulassen.

Die hier versuchte Zurückführung des wesentlichen Unterschiedes in der Entwicklung der Hybriden auf eine dauernde oder vorübergehende Verbindung der differirenden Zellelemente kann selbstverständlich nur den Werth einer Hypothese ansprechen, für welche bei dem Mangel an sicheren Daten noch ein weiterer Spielraum offen stände. Einige Berechtigung für die ausgesprochene Ansicht liegt in dem für Pisum geführten Beweise, dass das Verhalten je zweier differirender Merkmale in hybrider Vereinigung unabhängig ist von den anderweitigen Unterschieden zwischen den beiden Stammpflanzen, und ferner, dass die Hybride so vielerlei Keim- und Pollenzellen erzeugt, als constante Combinationsformen möglich sind. Die unterscheidenden Merkmale zweier Pflanzen können zuletzt doch nur auf Differenzen in der Beschaffenheit und Gruppirung der Elemente beruhen, welche in den Grundzellen derselben in lebendiger Wechselwirkung stehen.

Die Geltung der für Pisum aufgestellten Sätze bedarf allerdings selbst noch der Bestätigung, und es wäre deshalb eine Wiederholung wenigstens der wichtigeren Versuche wünschenswerth, z. B. jener über die Beschaffenheit der hybriden Befruchtungszellen. Dem einzelnen Beobachter kann leicht ein Differentiale entgehen, welches, wenn es auch anfangs unbedeutend scheint, doch so anwachsen kann, dass es für das Gesammt-Resultat nicht vernachlässigt werden darf. Ob die veränderlichen Hybriden anderer Pflanzenarten ein ganz übereinstimmendes Verhalten beobachten, muss gleichfalls{43} erst durch Versuche entschieden werden; indessen dürfte man vermuthen, dass in wichtigen Punkten eine principielle Verschiedenheit nicht vorkommen könne, da die Einheit im Entwicklungsplane des organischen Lebens ausser Frage steht.

Zum Schlusse verdienen noch eine besondere Erwähnung die von *Kölreuter*, *Gärtner* u. a. durchgeführten Versuche über die Umwandlung einer Art in eine andere durch künstliche Befruchtung. Diesen Experimenten wurde eine besondere Wichtigkeit beigelegt, *Gärtner* rechnet dieselben zu den »allerschwierigsten in der Bastarderzeugung.«

Sollte eine Art *A* in eine andere *B* verwandelt werden, so wurden beide durch Befruchtung verbunden und die erhaltenen Hybriden abermals mit dem Pollen von *B* befruchtet; dann wurde aus den verschiedenen Abkömmlingen derselben jene Form ausgewählt, welche der Art *B* am nächsten stand, und wiederholt mit dieser befruchtet, und so fort, bis man endlich eine Form erhielt, welche der *B* gleichkam und in ihren Nachkommen constant blieb. Damit war die Art *A* in die andere Art *B* umgewandelt. *Gärtner* allein hat 30 derartige Versuche mit Pflanzen aus den Geschlechtern: Aquilegia, Dianthus, Geum, Lavatera, Lychnis, Malva, Nicotiania und Oenothera durchgeführt. Die Umwandlungsdauer war nicht für alle Arten eine gleiche. Während bei einzelnen eine 3 malige Befruchtung hinreichte, musste diese bei anderen 5–6 mal wiederholt werden; auch für die nämlichen Arten wurden bei verschiedenen Versuchen Schwankungen beobachtet. *Gärtner* schreibt diese Verschiedenheit dem Umstande zu, dass »die typische Kraft, womit eine Art bei der Zeugung zur Veränderung und Umbildung des mütterlichen Typus wirkt, bei den verschiedenen Gewächsen sehr verschieden ist, und dass folglich die Perioden, innerhalb welcher und die Anzahl der Generationen, durch welche die eine Art in die andere umgewandelt wird, auch verschieden sein müssen, und die Umwandlung bei manchen Arten durch mehr, bei anderen aber durch weniger Generationen vollbracht wird.« Ferner bemerkt derselbe Beobachter, »dass es auch bei dem Umwandlungsgeschäfte darauf ankommt, welcher Typus und welches Individuum zu der weiteren Umwandlung gewählt wird.«

Dürfte man voraussetzen, dass bei diesen Versuchen die Entwicklung der Formen auf eine ähnliche Weise wie bei Pisum erfolgte, so würde der ganze Umwandlungsprocess eine{44} ziemlich einfache Erklärung finden. Die Hybride bildet so vielerlei Keimzellen, als die in ihr vereinigten Merkmale constante Combinationen zulassen, und eine davon ist immer gleichartig mit den befruchtenden Pollenzellen. Demnach ist für alle derartigen Versuche die Möglichkeit vorhanden, dass schon aus der zweiten Befruchtung eine constante Form gewonnen wird, welche der Pollenpflanze gleich kommt. Ob dieselbe aber wirklich erhalten wird, hängt in jedem einzelnen Falle von der Zahl der Versuchspflanzen ab, sowie von der Anzahl der differirenden Merkmale, welche durch die Befruchtung vereinigt wurden. Nehmen wir

z. B. an, die für den Versuch bestimmten Pflanzen wären in 3 Merkmalen verschieden und es sollte die Art *ABC* in die andere *abc* durch wiederholte Befruchtung mit dem Pollen derselben umgewandelt werden. Die aus der ersten Befruchtung hervorgehende Hybride bildet 8 verschiedene Arten von Keimzellen, nämlich:

ABC, ABc, AbC, aBC, Abc, aBc, abC, abc.

Diese werden im zweiten Versuchsjahre abermals mit dem Pollen *abc* verbunden und man erhält die Reihe:

AaBbCc + *AaBbc* + *AabCc* + *aBbCc* + *Aabc* + *aBbc* + *abCc* + *abc.*

Da die Form *abc* in der 8 gliederigen Reihe einmal vorkommt, so ist es wenig wahrscheinlich, dass sie unter den Versuchspflanzen fehlen könnte, wenn diese auch nur in einer geringen Anzahl gezogen würden, und die Umwandlung wäre schon nach zweimaliger Befruchtung vollendet. Sollte sie zufällig nicht erhalten werden, so müsste die Befruchtung an einer der nächstverwandten Verbindungen *Aabc, aBbc, abCc* wiederholt werden. Es wird ersichtlich, dass sich ein derartiges Experiment desto länger hinausziehen müsse, je kleiner die Anzahl der Versuchspflanzen und je grösser die Zahl der differirenden Merkmale an den beiden Stammarten ist, dass ferner bei den nämlichen Arten leicht eine Verschiebung um eine, selbst um zwei Generationen vorkommen könne, wie es *Gärtner* beobachtet hat. Die Umwandlung weit abstehender Arten kann immerhin erst im 5. oder 6. Versuchsjahre beendet sein, indem die Anzahl der verschiedenen Keimzellen, welche an der Hybride gebildet werden, mit den differirenden Merkmalen nach den Potenzen von 2 zunimmt.

Gärtner fand durch wiederholte Versuche, dass die{45} wechselseitige Umwandlungsdauer für manche Arten verschieden ist, so dass öfter eine Art *A* in eine andere *B* um eine Generation früher verwandelt werden kann, als die Art *B* in die andere *A*. Er leitet daraus zugleich den Beweis ab, dass die Ansicht *Kölreuter*'s doch nicht ganz stichhaltig sei, nach welcher »die beiden Naturen bei den Bastarden einander das vollkommenste Gleichgewicht halten.« Es scheint jedoch, dass *Kölreuter* diesen Tadel nicht verdient, dass vielmehr *Gärtner* dabei ein wichtiges Moment übersehen hat, auf welches er an einer anderen Stelle selbst aufmerksam macht, dass es nämlich »darauf ankommt, welches Individuum zur weiteren Umwandlung gewählt wird«. Versuche, welche in dieser Beziehung mit zwei Pisum-Arten angestellt wurden, weisen darauf hin, dass es für die Auswahl der tauglichsten Individuen zu dem Zwecke der weiteren Befruchtung einen grossen Unterschied machen könne, welche von zwei Arten in die andere umgewandelt wird. Die beiden Versuchspflanzen waren in 5 Merkmalen verschieden, zugleich besass die Art *A* sämmtliche dominirende, die andere *B* sämmtliche recessive Merkmale. Für die wechselseitige Umwandlung wurde A mit dem Pollen von B und umgekehrt B mit jenem von A befruchtet, dann dasselbe an den beiderlei Hybriden im nächsten Jahre wiederholt. Bei dem ersten Versuche B/A waren im 3. Versuchsjahre für die Auswahl der Individuen zur weiteren Befruchtung 87 Pflanzen vorhanden, und zwar in den möglichen 32 Formen; für den zweiten Versuch A/B wurden 73 Pflanzen erhalten, welche in ihrem Habitus durchgehends mit der Pollenpflanze übereinstimmten, jedoch ihrer inneren Beschaffenheit nach eben so verschieden sein mussten, wie die Formen des anderen Versuches. Eine berechnete Auswahl war daher bloss bei dem ersten Versuche möglich, bei dem zweiten mussten auf den blossen Zufall hin einige Pflanzen ausgeschieden werden. Von den letzteren wurde nur ein Theil der Blüthen mit dem Pollen von A befruchtet, der andere hingegen der Selbstbefruchtung überlassen. Unter je 5 Pflanzen, welche für die beiden Versuche zur Befruchtung verwendet waren, stimmten, wie der nächstjährige Anbau zeigte, mit der Pollenpflanze überein:

{46}

Erster Versuch	Zweiter Versuch		
2 Pflanzen	—	in allen Merkmalen	
3 »	—	» 4	»
—	2 Pflanzen	» 3	»
—	2 »	» 2	»
—	1 Pflanze	» 1	Merkmal

Für den ersten Versuch war damit die Umwandlung beendet, bei dem zweiten, der nicht weiter fortgesetzt wurde, hätte wahrscheinlich noch eine zweimalige Befruchtung stattfinden müssen.

Wenn auch der Fall nicht häufig vorkommen dürfte, dass die dominirenden Merkmale ausschliesslich der einen oder der anderen Stammpflanze angehören, so wird es doch immer einen Unterschied machen, welche von beiden die grössere Anzahl besitzt. Kommt die Mehrzahl der dominirenden Merkmale der Pollenpflanze zu, dann wird die Auswahl der Formen für die weitere Befruchtung einen geringeren Grad von Sicherheit gewähren, als in dem umgekehrten Falle, was eine Verzögerung in der Umwandlungsdauer zur Folge haben muss, vorausgesetzt, dass man den Versuch erst dann als beendet ansieht, wenn eine Form erhalten wird, die nicht nur in ihrer Gestalt der Pollenpflanze gleich kommt, sondern auch wie diese in den Nachkommen constant bleibt.

Durch den Erfolg der Umwandlungsversuche wurde *Gärtner* bewogen, sich gegen die Meinung derjenigen Naturforscher zu kehren, welche die Stabilität der Pflanzenspecies bestreiten und eine stete Fortbildung der Gewächsarten annehmen. Er sieht in der vollendeten Umwandlung einer Art in die andere den unzweideutigen Beweis, dass der Species feste Grenzen gesteckt sind, über welche hinaus sie sich nicht zu ändern vermag. Wenn auch dieser Ansicht eine bedingungslose Geltung nicht zuerkannt werden kann, so findet sich doch anderseits in den von *Gärtner* angestellten Versuchen eine beachtenswerthe Bestätigung der früher über die Veränderlichkeit der Culturpflanzen ausgesprochenen Vermuthung.

Unter den Versuchsarten kommen cultivirte Gewächse vor,{47} wie Aquilegia atropurpurea und canadensis, Dianthus Caryophyllus, chinensis und japonicus, Nicotiana rustica und paniculata, und auch diese hatten nach einer 4–5maligen hybriden Verbindung nichts von ihrer Selbstständigkeit verloren.

Fußnote:

[D] Bei Pisum ist es wohl ausser Zweifel gestellt, dass zur Bildung des neuen Embryo eine vollständige Vereinigung der Elemente beider Befruchtungszellen stattfinden müsse. Wie wollte man es sonst erklären, dass unter den Nachkommen der Hybriden beide Stammformen in gleicher Anzahl und mit allen ihren Eigenthümlichkeiten wieder hervortreten? Wäre der Einfluss des Keimsackes auf die Pollenzelle nur ein äusserer, wäre demselben bloss die Rolle einer Amme zugetheilt, dann könnte der Erfolg einer jeden künstlichen Befruchtung kein anderer sein, als dass die entwickelte Hybride ausschliesslich der Pollenpflanze gleich käme, oder ihr doch sehr nahe stände. Das haben die bisherigen Versuche in keinerlei Weise bestätigt. Ein gründlicher Beweis für die vollkommene Vereinigung des Inhaltes beider Zellen liegt wohl in der allseitig bestätigten Erfahrung, dass es für die Gestalt der Hybride gleichgültig ist, welche von den Stammformen die Samen- oder Pollenpflanze war.

{26}

II.
Ueber einige aus künstlicher Befruchtung gewonnene Hieraciumbastarde.

Von
Gregor Mendel.

(Mitgetheilt in der Sitzung vom 9. Juni 1869.)

Gedruckt in den Verhandlungen des naturforschenden Vereines in Brünn. VIII. Bd. Abhandlungen. 1869. Brünn, 1870. Verlag des Vereins. S. 26–31.

Wiewohl ich schon mehrfache Befruchtungsversuche zwischen verschiedenen Arten aus dem Genus Hieracium vorgenommen habe, ist es mir bis jetzt doch nur gelungen, folgende 6 Bastarde und diese bloss in einem bis drei Exemplaren zu erhalten:

H. Auricula + H. aurantiacum[E],

H. Auricula + H. Pilosella,

H. Auricula + H. pratense,

H. echioides[F] + H. aurantiacum,

H. praealtum + H. flagellare Rchb.,

H. praealtum + H. aurantiacum.

Die Schwierigkeit, Bastarde in einer grösseren Anzahl zu gewinnen, liegt in dem Umstande, dass es bei der Kleinheit der Blüthen und dem eigenthümlichen Baue derselben nur selten gelingt, die Antheren aus der zu befruchtenden Blüthe zu entfernen, ohne dass der eigene Pollen auf die Narbe gelangt, oder der Griffel verletzt wird und abstirbt. Bekanntlich sind die Antheren in ein Röhrchen verwachsen, welches {27} den Griffel enge umschliesst. Sobald die Blüthe sich öffnet, tritt die Narbe schon mit Pollen überdeckt aus dem Röhrchen hervor. Um die Selbstbefruchtung zu verhüten, muss deshalb das Antherenröhrchen noch vor dem Aufblühen entfernt und zu diesem Zwecke die Knospe mittelst einer feinen Nadel aufgeschlitzt werden. Wird diese Operation zu einer Zeit vorgenommen, wo der Pollen schon Befruchtungsfähigkeit erlangt hat, was 2–3 Tage vor dem Aufblühen der Fall ist, so gelingt es nur selten, die Selbstbefruchtung zu hindern, da es bei aller Aufmerksamkeit nicht leicht möglich ist, zu verhüten, dass bei dem Aufschlitzen des Röhrchens einzelne Pollenkörner ausgestreut und der Narbe mitgetheilt werden. Keinen besseren Erfolg gewährte bis jetzt die Entfernung der Antheren in einem früheren Entwicklungsstadium. Vor dem Eintritte der Pollenreife sind nämlich die noch sehr zarten Griffel und Narben gegen Druck und Verletzungen äusserst empfindlich, und wenn sie auch nicht beschädigt wurden, welken und trocknen sie doch gewöhnlich nach kurzer Zeit ab, sobald sie ihrer schützenden Hüllen beraubt sind. Dem letzteren Uebelstande hoffe ich dadurch abzuhelfen, dass die Pflanze nach der Operation durch 2 bis 3 Tage der feuchten Atmosphäre des Warmhauses ausgesetzt wird. Ein Versuch, der vor Kurzem mit H. Auricula in dieser Weise angestellt wurde, lieferte ein gutes Resultat.

Um den Zweck anzudeuten, zu welchem die Befruchtungsversuche unternommen wurden, erlaube ich mir einige Bemerkungen über das Genus Hieracium vorauszuschicken. Dieses Genus besitzt einen so ausserordentlichen Reichthum an selbstständigen Formen, wie ihn kein anderes Pflanzengeschlecht aufweisen kann. Einzelne davon sind durch besondere Eigenthümlichkeiten ausgezeichnet und werden als Hauptformen oder Arten betrachtet, während alle übrigen sich als Mittelbildungen oder Uebergangsformen darstellen, durch welche die Hauptformen mit einander zusammenhängen. Die Schwierigkeit in der Gliederung und Abgrenzung dieser Formen hat die Aufmerksamkeit der Fachgelehrten immer in Anspruch genommen. Ueber keine andere Gattung ist so viel geschrieben, sind so viele und heftige Kämpfe geführt worden, ohne dass es bis jetzt zu einem Abschlusse gekommen wäre. Es ist voraus zu sehen, dass eine Verständigung nicht zu erzielen sein wird, so lange nicht der Werth und die Bedeutung der Zwischen- oder Uebergangsformen erkannt ist.

Bezüglich der Frage, ob und in welchem Umfange die Bastardbildung an dem Formenreichthum des genannten Geschlechtes Antheil nimmt, begegnen wir unter den ersten Pflanzenkennern sehr abweichenden, sogar völlig widersprechenden{28} Ansichten. Während einige derselben einen weit reichenden Einfluss zugestehen, wollen andere, z. B. *Fries*, bei Hieracien von Bastarden überhaupt nichts wissen. Noch andere nehmen eine vermittelnde Stellung ein und geben zu, dass Bastarde unter den wildwachsenden Arten nicht selten gebildet werden, behaupten jedoch, dass denselben eine wichtigere Bedeutung aus dem Grunde nicht beizumessen sei, weil sie immer nur von kurzem Bestande sind. Die Ursache davon liege theils in der geringen Fruchtbarkeit oder gänzlichen Sterilität derselben, theils aber in der durch Versuche erwiesenen Erfahrung, dass bei Bastarden die Selbstbefruchtung immer ausgeschlossen werde, wenn der Pollen der Stammarten auf die Narben derselben gelangt. Es sei demnach undenkbar, dass Hieracienbastarde sich in der Nähe ihrer Stammeltern zu vollkommen fruchtbaren und constanten Formen herausbilden und behaupten könnten.

Die Frage über den Ursprung der zahlreichen constanten Zwischenformen hat in neuester Zeit nicht wenig an Interesse gewonnen, seitdem ein berühmter Hieracienkenner im Geiste der *Darwin*'schen Lehre die Ansicht vertritt, dass dieselben aus der Transmutation untergegangener oder noch bestehender Arten herzuleiten seien.

Es liegt in der Sache, um die es sich hier handelt, dass eine genaue Kenntnis der Bastarde in Bezug auf ihre Gestalt und Fruchtbarkeit, sowie auf das Verhalten ihrer Nachkommen durch mehrere Generationen unerlässlich ist, wenn man es unternehmen will, den Einfluss zu beurtheilen, den möglicherweise die Bastardbildung auf die Mannigfaltigkeit der Zwischenformen bei Hieracium ausübt. Das Verhalten der Hieracium-Bastarde in dem angedeuteten Umfange muss nothwendig durch Versuche ermittelt werden, da wir eine abgeschlossene Theorie der Bastardbildung nicht besitzen, und es zu irrigen Anschauungen führen könnte, wenn man die aus der Beobachtung einiger anderer Bastarde abgeleiteten Regeln schon für Gesetze der Bastardbildung ansehen und ohne weitere Kritik auf Hieracium ausdehnen wollte. Gelingt es auf dem Wege des Experimentes eine genügende Einsicht in die Bastardbildung der Hieracien zu erlangen, dann wird mit Zuhilfenahme der Erfahrungen, welche über die Vegetationsverhältnisse der verschiedenen wild wachsenden Formen gesammelt wurden, ein competentes Urtheil in dieser Frage möglich werden.

Damit ist zugleich der Zweck ausgesprochen, den die in Rede stehenden Versuche anstreben. Ich erlaube mir nun mit Berücksichtigung dieses Zweckes die bisherigen noch sehr geringen Ergebnisse kurz zusammenzufassen.[26]

1. Bezüglich der Gestalt der Bastarde haben wir die auffallende{29} Erscheinung zu registriren, dass die bis jetzt aus gleicher Befruchtung erhaltenen Formen nicht identisch sind. Die Bastarde H. praealtum + H. aurantiacum und H. Auricula + H. aurantiacum sind durch je zwei, H. Auricula + H. pratense ist durch drei Exemplare vertreten, während von den übrigen bisher nur je eines erhalten wurde. Wenn wir die einzelnen Merkmale dieser Bastarde mit den correspondierenden Charakteren der beiden Stammeltern vergleichen, so finden wir, dass dieselben theils Mittelbildungen darstellen, theils aber dem einen der beiden Stamm-Merkmale so nahe stehen, dass das andere weit zurücktritt oder fast der Beobachtung entschwindet. So z. B. sehen wir an der einen der beiden Formen von H. Auricula + H. aurantiacum rein gelbe Scheibenblüthen, nur die Ligeln der Randblümchen sind an der Aussenseite kaum merklich roth angehaucht: bei der anderen hingegen kommt die Blüthenfarbe jener des H. aurantiacum sehr nahe, nur gegen die Mitte der Scheibe hin geht das Orangeroth in ein sattes Goldgelb über. Dieser Unterschied ist beachtenswerth, da die Blüthenfarbe bei Hieracien die Geltung eines constanten Merkmales besitzt. Andere ähnliche Fälle finden sich an den Blättern, Blüthenständen u. s. w.

Vergleicht man die Bastarde mit den Stammeltern nach der Gesammtheit ihrer Merkmale, dann stellen die beiden Formen des H. praealtum + H. aurantiacum nahezu Mittelformen dar, die jedoch in einzelnen Merkmalen nicht übereinstimmen. Dagegen sehen wir bei H. Auricula + H. aurantiacum und H. Auricula + H. pratense die Formen weit auseinandergehen, so zwar, dass eine davon sich der einen, die andere der zweiten Stammpflanze nahe stellt, während bei dem zuletzt genannten Bastarde noch eine dritte vorhanden ist, welche zwischen beiden fast die Mitte hält.

Es drängt sich von selbst die Vermuthung auf, dass wir hier nur einzelne Glieder aus noch unbekannten Reihen vor uns haben, welche durch die unmittelbare Einwirkung des Pollens der einen Art auf die Keimzellen einer anderen gebildet werden.

2. Die besprochenen Bastarde bilden, mit Ausnahme eines einzigen, keimfähige Samen. Als vollkommen fruchtbar ist zu bezeichnen: H. echioides + H. aurantiacum, als fruchtbar H. praealtum + H. flagellare, als theilweise fruchtbar H. praealtum + H. aurantiacum und H. Auricula + H. pratense, als wenig fruchtbar H. Auricula + H. Pilosella, als unfruchtbar H. Auricula + H. aurantiacum. Von den beiden Formen des zuletzt genannten Bastardes war die roth blühende ganz steril, von der gelb blühenden wurde ein einziger gut ausgebildeter Same erhalten. Ferner kann nicht unerwähnt bleiben,{30} dass unter den Sämlingen des theilweise fruchtbaren Bastardes H. praealtum + H. aurantiacum eine Pflanze die vollkommene Fruchtbarkeit erlangt hat[27].

3. Die aus Selbstbefruchtung hervorgegangenen Nachkommen der Bastarde haben bis jetzt nicht variirt, sie stimmen in ihren Merkmalen untereinander und mit der Bastardpflanze, von welcher sie abstammen, überein. Von H. praealtum + H. flagellare sind bis jetzt zwei Generationen, von H. echioides + H. aurantiacum, H. praealtum + H. aurantiacum, H. Auricula + H. Pilosella je eine Generation in 14 bis 112 Exemplaren zur Blüthe gelangt.

4. Es ist die Thatsache zu constatiren, dass bei dem vollkommen fruchtbaren Bastarde H. echioides + H. aurantiacum der Pollen der Stammeltern nicht im Stande war, die Selbstbefruchtung zu hindern, obwohl derselbe den Narben, während sie beim Aufblühen der Antherenröhrchen hervortraten, in grosser Menge mitgetheilt wurde.

Aus zwei auf diese Weise behandelten Blüthenköpfchen wurden durchaus mit der Bastardpflanze übereinstimmende Sämlinge erhalten. Ein ganz ähnlicher Versuch, der schon im heurigen Sommer an dem theilweise fruchtbaren Bastarde H. praealtum + H. aurantiacum vorgenommen wurde, hat zu dem Ergebnisse geführt, dass jene Blüthenköpfchen, an welchen die Narben mit dem Pollen der Stammeltern oder anderer Arten belegt wurden, eine merklich grössere Anzahl guter Samen entwickelten, als jene, welche der Selbstbefruchtung überlassen blieben. Die Erklärung dieser Erscheinung dürfte bei dem Umstande, dass ein grosser Theil der Pollenkörner des Bastardes unter dem Mikroskope eine mangelhafte Ausbildung zeigt, wohl nur darin zu suchen sein, dass bei dem natürlichen Verlaufe der Selbstbefruchtung ein Theil der conceptionsfähigen Eichen wegen schlechter Beschaffenheit des eigenen Pollens nicht befruchtet wird.

Auch bei wild wachsenden, ganz fruchtbaren Arten kommt es nicht selten vor, dass in einzelnen Blüthenköpfchen die Pollenbildung fehlschlägt und in mancher Anthere auch nicht ein einziges gutes Körnchen entwickelt wird. Wenn in solchen Fällen dennoch Samen gebildet werden, so muss die Befruchtung durch fremde Pollen erfolgt sein. Dabei können leicht Bastarde entstehen, indem mancherlei Insekten, namentlich geschäftige Hymenopteren, die Hieracium-Blüthen mit grosser Vorliebe besuchen und sicherlich dafür Sorge tragen, dass der an ihrem haarigen Körper leicht anhängende Pollen benachbarter Pflanzen auf die Narben gelangt.

Aus dem Wenigen, das ich hier mittheilen kann, wird ersichtlich,{31} dass die Arbeit noch kaum über ihre ersten Anfänge hinausreicht. Ich musste wohl Bedenken tragen, an diesem Orte eben erst begonnene Versuche zu besprechen. Nur die überzeugung, dass die Durchführung der projectirten Experimente noch eine Reihe von Jahren in Anspruch nehmen müsse, und die Ungewissheit, ob es mir vergönnt sein wird, dieselben zu Ende zu führen, konnten mich zu der heutigen Mittheilung bestimmen. Durch die Güte des Herrn Directors Dr. *Nägeli* in München, welcher mir fehlende Arten, namentlich aus den Alpen freundlichst zugesendet hat, bin ich nun in den Stand gesetzt, eine grössere Anzahl von Formen in den Kreis der Versuche zu ziehen, und darf hoffen, schon im kommenden Jahre Einiges zur Ergänzung und Sicherstellung der heutigen Angaben nachholen zu können.[28]

Wenn wir schliesslich die besprochenen, allerdings noch sehr unsicheren Resultate mit jenen vergleichen, welche aus Kreuzungen verschiedener Pisum-Formen erhalten wurden, und welche ich im Jahre 1865 hier mitzutheilen die Ehre hatte,[G] so begegnen wir einer sehr wesentlichen Verschiedenheit. Bei Pisum haben die Bastarde, welche unmittelbar aus der Kreuzung zweier Formen gewonnen werden, in allen Fällen den gleichen Typus, ihre Nachkommen dagegen sind veränderlich und variiren nach einem bestimmten Gesetze. Bei Hieracium scheint sich nach den bisherigen Versuchen das gerade Gegentheil davon herausstellen zu wollen. Schon bei Besprechung der Pisum-Versuche wurde darauf hingewiesen, dass es auch Bastarde gibt, deren Nachkommen nicht variiren, dass z. B. nach *Wichura* die Bastarde von Salix sich unverändert wie reine Arten fortpflanzen. Wir hätten demnach bei Hieracium einen analogen Fall. Ob man bei diesem Umstande die Vermuthung aussprechen dürfe, dass die Polymorphie der Gattungen Salix und Hieracium mit dem eigentlichen Verhalten ihrer Bastarde in Zusammenhang stehe, das ist bis jetzt noch eine Frage, die sich wohl anregen, nicht aber beantworten lässt.

Fußnoten:

[E] Durch diese Bezeichnung wird angedeutet, dass der Bastard aus der Befruchtung des H. Auricula mit dem Pollen des H. aurantiacum erhalten wurde.

[F] Diese Versuchspflanze ist nicht genau das typische H. echioides. Sie scheint der Uebergangsreihe zu H. praealtum anzugehören, steht jedoch dem H. echioides näher, weshalb sie auch in den Formenkreis des letzteren eingestellt wurde.

[G] Verhandlungen des naturforschenden Vereines in Brünn, IV. Bd. Abhandlungen p. 3.

Anmerkungen.

Die beiden Abhandlungen, welche durch diese Neuausgabe in zweiter Auflage einem weiteren Leserkreise zugänglich gemacht werden sollen, haben zur Zeit ihrer mündlichen Mitteilung (1865 und 1869) und ihres Erscheinens im Druck (1866 und 1870) lange nicht jene Würdigung gefunden, die sie als grundlegende Beiträge zur Lehre von der Bastarderzeugung, ja zur Konstitutionslehre und Entwicklungsgeschichte der organischen Formen überhaupt verdienten. Allerdings waren bereits vor *Mendel* von *Kölreuter*, *Gärtner*, *Herbert*, *Lecocq*, *Wichura* u. a. vielseitige Untersuchungen über die Bastarderzeugung im Pflanzenreiche angestellt worden, doch hatte keiner dieser Forscher auch nur versucht, Gesetze für die Gestaltungsweise der Hybriden aufzustellen. *Mendel* hat als Erster in dieser Absicht höchst mühevolle Detailversuche, hauptsächlich an Erbsen (in über 10 000 Exemplaren), Bohnen und Hieracien angestellt, und zwar »in dem Umfange und der Weise, dass es möglich war, die Anzahl der verschiedenen Formen, unter welchen die Nachkommen der Hybriden auftreten, zu bestimmen, dass man diese Formen mit Sicherheit in den einzelnen Generationen ordnen und die gegenseitigen numerischen Verhältnisse feststellen konnte.« (*Mendel*). Den Ausgangspunkt für die experimentelle Feststellung von Vererbungsregeln — im Gegensatze zu der bisherigen Auffassung, dass in der Bastarderzeugung jede Gesetzmässigkeit und damit jede Möglichkeit einer Vorhersage fehle — bildete nicht die Verfolgung der grösseren oder geringeren Gesammtähnlichkeit der Hybriden mit ihren Eltern, sondern die Zerlegung der Gesammterscheinung beider Eltern in Einzeleigenschaften, die paarweise Gegenüberstellung der Unterscheidungsmerkmale und ihre gesonderte Verfolgung bezüglich der Vererbung an den Bastarden. Man kann diese von *Mendel* begründete Methode »die systematische Merkmalanalyse oder die biologische Elementaranalyse der äusseren Erscheinung« nennen. Ihr wichtigstes Ergebnis ist die Feststellung, dass sich die einzelnen Merkmale bei der Vererbung im allgemeinen ganz selbständig verhalten, das heisst sich von einander trennen, bzw. sich frei nach allen Chancen des Zufalles kombinieren können, kurz, dass jede pflanzliche Form aus selbständigen biologischen Einheiten besteht. Neben der rein erfahrungsmässigen, phänomenologischen Auffassung und Darstellung spielt jedoch schon bei *Mendel* der Gedanke eine erhebliche Rolle, dass die Einzeleigenschaften als selbständige Elemente oder Komponenten der äusseren Erscheinung ursächlich auf gesonderte selbständige Zellelemente zurückzuführen seien (vgl. S. 42). Diese kausale Betrachtungsweise vertieft die Merkmalanalyse, die Lehre von der äusserlichen oder scheinbaren Vererbung, zur Analyse der Einzelursachen, zur Lehre von der innerlichen oder wesentlichen Vererbung. Diese Grundgedanken *Mendels* haben cinc Weiterentwicklung gefunden, zunächst durch die Theorie von der Kryptomerie (Lehre vom Gehalt an unsichtbaren, latenten jedoch reaktionsfähigen, manifestablen Anlagen — *E. v. Tschermak*), dann speziell durch die Faktorentheorie. Die letztere sei charakterisiert als die Lehre von der Bewirkung der Merkmale durch selbständige Teilursachen oder Faktoren, welche entweder durch Zusammentreffen (Synthese, sei es in Form von Kombination, Hemmung, Verdrängung oder Verdeckung) oder durch Trennung aus dem bisherigen Zusammenhang (Analyse, sei es in Form von Dissolution, Freigabe, Auftauchen aus Verdrängung oder Verdeckung) charakteristische, die äussere Erscheinung bestimmende Beziehungen zu einander verraten können; bei der Analyse der beiden Elternformen werden ausschliesslich Besitz und Mangel desselben Faktors einander gegenüber gestellt, — abgesehen vom beiderseitigen Besitz oder Mangel von Faktoren (*Correns*, *Cuénot*, *Bateson*, *Punnett*, *Shull* u. a.).

Auch die Bedeutung der gewonnenen Regeln für die Bildung neuer Formen sowie für die praktische Züchtung hat *Mendel* wohl geahnt.

Die beiden gedrängten Mitteilungen, welche *Mendel* über die ihn durch lange Jahre beschäftigenden Fragen in kleinem Kreise gemacht und an einem schwer zugänglichen Orte veröffentlicht hatte (nur 30 Sonderabdrücke hat der bescheidene Gelehrte bestellt und versendet), führten zwar zu einer interessanten Korrespondenz mit *C. v. Nägeli*, gerieten jedoch bald in fast völlige Vergessenheit. Nur der Sammeleifer von *W. O. Focke* bewahrte in seinem bekannten Buche: »Die Pflanzenmischlinge« (Berlin 1881), einen Hinweis auf. Er lautet auf Seite 110: »*Mendels* zahlreiche Kreuzungsversuche ergaben Resultate, die dem *Knight*'schen ganz ähnlich waren, doch glaubte *Mendel*, konstante Zahlenverhältnisse zwischen den Typen der Mischlinge zu finden.« So kam es, dass das Wesentliche der bereits von *Mendel* festgestellten Ergebnisse gleichzeitig und unabhängig von drei Forschern, *C. Correns* (Münster), *E. v. Tschermak* (Wien), *Hugo de Vries* (Amsterdam) neu gewonnen werden musste, und die drei Genannten erst beim nachträglichen Durchsuchen der Litteratur auf *Mendels* grundlegende Vorarbeiten stiessen. Mit dieser Wiederentdeckung (1900) wurde für die experimentelle Biologie eine neue, überaus fruchtbare Arbeitsrichtung erschlossen, die heute bereits allgemein als »Mendelismus« bezeichnet wird. Dieselbe hat in England besonders durch ihre Hauptvertreter *W. Bateson* und seine Schule (speziell R. *C. Punnett*, Miss *E. R. Saunders* und *R. H. Lock*), ferner *C. Hurst* und *Biffen*, in Amerika durch *Castle*, *Davenport*, *Shull*, *Emerson* und *Spillman*, in Deutschland durch *C. Correns*, *V. Häcker* und *E. Baur*, in Oesterreich durch *E. v. Tschermak*, in der Schweiz durch *A. Lang*, in Schweden durch *Nilsson-Ehle*, in Japan durch *K. Toyama* sehr erfolgreiche Pflege gefunden. Auch auf dem Gebiete der landwirtschaftlichen Züchtung hat der »Mendelismus« neubelebend und richtunggebend gewirkt.

Aus den nicht sehr reichen biographischen Daten lässt sich folgendes Bild gewinnen.

Johann *Mendel* wurde am 20. Juli 1822 zu Heinzendorf, einem kleinen, zwischen Odrau und Leipnik gelegenen Dörfchen an der mährisch-schlesischen Grenze als Sohn einfacher Bauersleute geboren. Von seinem Vater für den landwirtschaftlichen Beruf als zukünftiger Uebernehmer des kleinen Besitzes bestimmt, wurde der aufgeweckte Hans schon in jungen Jahren mit der Landwirtschaft und einigen gärtnerischen Handgriffen, wie Pfropfen, vertraut gemacht. Dem Zureden des Dorfschullehrers sowie Mendels Mutter gelang es, den anfangs widerstrebenden Vater zu bewegen, den Bitten des Knaben nachzugeben und ihn studieren zu lassen. Zunächst wurde er in die Bürgerschule nach Leipnik geschickt. Das Gymnasium absolvierte er binnen sechs Jahren unter grossen finanziellen Schwierigkeiten in Troppau und machte dann in Olmütz die zwei sogenannten philosophischen Jahrgänge durch, welche der 7. und 8. Klasse unserer heutigen Gymnasien entsprachen. Der Direktor des Gymnasiums, ein Augustinerpriester, mag den jungen Mann auf den Gedanken gebracht haben, sich dem geistlichen Stande zu widmen. Von seinem Physiklehrer, der ihn seinen besten Schüler nannte, an den Prälaten des Altbrünner Augustinerstiftes empfohlen, wurde er im Jahre 1843 als Novize mit dem Namen Gregor eingekleidet. Nach zwei Jahren studierte er 1845–1848 in Brünn Theologie und war dann kurze Zeit in der Seelsorge tätig, von der er aber bald wieder enthoben wurde. Zwei Jahre verbrachte er hierauf als supplierender Lehrer am Znaimer Gymnasium, wo er Physik und Mathematik vorzutragen hatte und kehrte 1851 nach Brünn zurück als Lehrer am Vorbereitungskurs der technischen Lehranstalt, aus der sich später die technische Hochschule entwickelte. Vom Kloster im Oktober 1851 nach Wien an die Universität entsendet, war er hier durch fünf Semester ausserordentlicher Hörer. Von seinen Lehrern seien die Botaniker *Fenzl* und *Unger*, die Physiker *Doppler* und *Ettinghausen*, sowie der Chemiker *Redtenbacher* genannt. Im Jahre 1854 wurde *Mendel* Lehrer für Naturgeschichte und Physik an der K. K. Oberrealschule in Brünn. Hier wirkte er 14 Jahre lang als ausgezeichnete, von seinen Kollegen und Schülern geliebte und verehrte Lehrkraft bis zu seiner am 13. Mai 1868 erfolgten Wahl zum Abte seines Stiftes. Als solcher opferte er seine durch Kränklichkeit gefährdete Arbeitskraft so gut wie völlig der Leitung des Klosters (1869–1884) und verzehrte sich förmlich in schweren Kämpfen um die finanzielle Sicherung von dessen Zukunft gegenüber den Besteuerungsmassregeln der damaligen Regierung. Im Jahre 1869 war *Mendel* einer der Vize-Präsidenten des Naturforschenden Vereines in Brünn. Er starb am 6. Jänner 1884.

Mendels naturwissenschaftliche Arbeiten fallen in die Jahre 1856–1872. Seine an Umfang und Zahl sehr reichen botanischen Versuche stellte er im

Garten seines Klosters an. Nur die Resultate seiner Bastardierungsversuche mit Pisum- und Phaseolus-Rassen, ferner mit Hieracium-Arten legte er in schier allzu weit gehender Kürze 1865, bzw. 1866 und 1869 bzw. 1870 in den Schriften des Naturforschenden Vereines in Brünn nieder. Diese Mitteilungen, welche selbst schon eine publizistische Fortsetzung und eine Erweiterung durch *Mendel* sehr wünschenswerth hätten erscheinen lassen, umfassen jedoch nur einen bescheidenen Teil dessen, was er beobachtet und gearbeitet hat. So erwähnen die Sitzungsberichte des Naturforschenden Vereins in Brünn (1866, S. 52), dass *Mendel* in frischem Zustande zwei von ihm gezogene Bastarde, nämlich Verbascum phoeniceum × weissblühendem Verbascum Blattaria und Campanula media × pyramidalis zeigte. *Mendel* spricht ferner in der I. Abhandlung auch von einigen Versuchen an Lathyrus (S. 9) und Dianthus Caryophyllus (S. 37). In seinen Briefen an *C. v. Nägeli*, durch deren Herausgabe *C. Correns* unsere Kenntnis von der Forschernatur *Mendels* und von dem Umfange seiner Arbeiten in sehr dankenswerther Weise gefördert hat, erwähnt *Mendel* auch eigene Bastardierungsversuche zwischen verschiedenfarbigen Levkojensippen, welche ihn mindestens 6 Jahre beschäftigten, an Geum, Cirsium, Aquilegia, Linaria, Mirabilis, Melandrium, Zea, Verbascum, Antirrhinum, Ipomaea, Tropaeolum, Calceolaria. Nach seiner Wahl zum Prälaten fand *Mendel* leider nur mehr in den ersten 4 Jahren noch Zeit, seine Beobachtungen systematisch fortzusetzen. Auch zu einer Verarbeitung des bereits gewonnenen Materials für weitere Veröffentlichungen ist er nicht mehr gekommen. Seine gewiss mit höchster Genauigkeit geführten Beobachtungsjournale scheinen leider verloren gegangen zu sein. Die Anregungen zu den Untersuchungen über Pflanzenhybriden gab ihm allem Anscheine nach die in den 50er und 60er Jahren besonders lebhafte Diskussion über die Entstehung der Arten und speziell die Auffassungen, zu welchen *C. v. Nägeli* für die Formenkreise von Hieracium gekommen war. *v. Nägeli* gab *Mendel* direkte briefliche Anleitung zur Kultur und Kastration der Hieraciumformen, von denen er einzelne *Mendel* zusandte, hat jedoch die wesentliche Bedeutung der Forschungen *Mendels* nicht erfasst. *Mendel* hinwiederum überliess *v. Nägeli* Proben seiner Hybriden von Pisum, Hieracium, Cirsium, Geum und Linaria.

Für die Gärtnerei hatte *Mendel* ein besonderes Interesse. Im Klostergarten nahm er Pfropfungen an Obstbäumen vor, und eine von ihm gezüchtete Fuchsie wurde von den Gärtnern seiner Zeit sehr geschätzt und Mendelfuchsie benannt. Es ist nicht bekannt, wie diese gefüllte Fuchsie gezüchtet wurde. Auf einem Gruppenbilde ist *Mendel*, einen Zweig dieser Fuchsie in der Hand haltend, abgebildet. — Als eifriger Imker stellte *Mendel* auch Bastardierungsversuche mit Bienen an. Er zeigte im Vereine der Bienenzüchter sowie manchen seiner Besucher solche

Bastardierungsprodukte vor, leider ohne darüber etwas zu veröffentlichen. Am ausführlichsten berichtet über diese Versuche Dr. *M. Schindler* in seiner Gedenkrede.

Neben der Botanik gehört *Mendel's* Interesse hauptsächlich der Meteorologie. Die Resultate seiner mehrjährigen Beobachtungen, die von allen Fachmännern als mustergültig bezeichnet werden, veröffentlichte er vom Jahre 1862 ab in den obengenannten Verhandlungen und gab durch dieselben Veranlassung zur Ausdehnung des meteorologischen Beobachtungsnetzes über ganz Mähren und Schlesien. *Mendel* beschäftigte sich auch viele Jahre hindurch mit Grundwassermessungen sowie mit Beobachtungen über Sonnenflecken; doch sind leider in Folge seines zuletzt sehr leidenden Zustandes die Resultate unveröffentlicht geblieben, auch fand sich Niemand, der die im Kloster befindlichen Beobachtungsbücher zur Fortsetzung jener Studien benützt hätte. Gelegentlich einer Zyklone im Jahre 1870, die das Kloster arg beschädigte, trug *Mendel* im Naturforschenden Vereine seine teils selbst gemachten, teils durch Erkundigungen und Nachforschungen in der Umgebung von Brünn gewonnenen Beobachtungen über jenes Phänomen vor und veröffentlichte einen Auszug seines Vortrages in den Vereinsschriften.

Die ausserordentliche Wertschätzung, welche der Mendelismus in den letzten 10 Jahren in allen biologischen Disziplinen gefunden, und seine epochemachende Bedeutung für das Gesamtgebiet der Vererbungsfragen kam so recht deutlich zum Ausdruck bei der am 2. Oktober 1910 erfolgten Enthüllung des Gregor Mendeldenkmales in Brünn, zu welcher Feier sich eine selten zahlreiche Versammlung von aus- und inländischen Gelehrten eingefunden hatte.

Gregor Mendel hat folgende Arbeiten und zwar durchwegs in den Verhandlungen des Naturforschenden Vereines in Brünn veröffentlicht:

Bemerkungen zu der graphisch-tabellarischen Uebersicht der meteorologischen Verhältnisse von Brünn. Bd. I. 1864. S. 246.

Meteorologische Beobachtungen aus Mähren und Schlesien für die Jahre 1864–1867. Bd. II–V; in den späteren Jahren mitbeteiligt.

Versuche über Pflanzenhybriden. Bd. IV. 1866. S. 3–...

Ueber einige aus künstlicher Befruchtung gewonnene Hieraciumbastarde. Bd. VIII. 1870. S. 26–31.

(Die beiden Arbeiten *Gregor Mendels* wurden bereits im Jahre 1900 von *E. v. Tschermak* zur Aufnahme in Ostwald's Klassiker der exakten Wissenschaften empfohlen, doch zögerte man längere Zeit mit der

Annahme, so dass schließlich der von *C. Goebel* besorgte Abdruck der ersten Abhandlung *Mendels* in der *Flora* (Erg.-Bd. 89. Jg. 1901), einige Wochen früher erschien. Eine englische Uebersetzung publizierte *W. Bateson* im Journ. of the R. Hort. Society Bd. 1901, in *Mendels* principles of heredity. A Defense. Cambridge 1902 und *Mendels* principles of heredity. Cambridge 1909.)

Die Windhose am 13. Oktober 1870. Bd. IX. S. 229. 1871.

Gregor Mendels Briefe an *Carl v. Nägeli.* Herausgegeben von *C. Correns.* Abh. der Kgl. Sächs. Ges. d. Wiss. Math.-phys. Kl. 29. Jg. III. Leipzig 1905. S. 189. — Einige der Antwortschreiben *Carl v. Nägelis* wurden kürzlich in Brünn aufgefunden; ihre Ausgabe durch *Dr. H. Iltis* ist zu erwarten.

Biographische Daten über *Gregor Mendel* finden sich an folgenden Orten:

A. Schindler (Stadtarzt in Zuckmantel, Schlesien) Gedenkrede auf Prälaten *Gr. J. Mendel* anlässlich der Gedenktafel-Enthüllung in Heinzendorf, Schlesien, am 20. Juli 1902. (Selbstverlag.)

H. Iltis. Johann Gregor Mendel's Leben. Tagesbote aus Mähren und Schlesien, 21. Juli 1906. Nr. 337.

— *Gregor Mendel.* Naturw. Wochenschrift Nr. 47. 1910.

Aus der ungemein reichen Litteratur über den Mendelismus seien zunächst die Wiederentdeckungs-Publikationen angeführt:

C. Correns. Gregor Mendel's Regel über das Verhalten der Nachkommenschaft der Rassenbastarde. Ber. d. d. bot. Ges. Bd. XVIII. 1900. Heft 4.

Erich Tschermak. Ueber künstliche Kreuzung bei Pisum sativum. Zeitschr. f. d. landw. Versuchswesen in Oesterreich. 5. Heft. 1900 und Ber. d. d. bot. Ges. Bd. XVIII. 1900. Heft 6.

Hugo de Vries. Ueber das Spaltungsgesetz der Bastarde. Ber. d. d. bot. Ges. Bd. XVIII. 1900. Heft 3. Vgl. auch: Sur la loi de disjonction des hybrides. Comptes rendus de l'Acad. des sciences. Paris 26. März 1900.

Von anderen Schriften seien hier nur einige allgemein orientierende Arbeiten genannt, welche speziell zur Einführung in das Studium des Mendelismus geeignet erscheinen:

W. Bateson. Mendel's Principles of heredity. Cambridge at the University Press 1909.

C. Correns. Ueber Vererbungsgesetze. Vortrag. Sept. 1905. Berlin. Bornträger.

R. C. Punnett. Mendelism. Cambridge, Macmillan and Bowes. Second Edition 1907. Deutsche Uebersetzung von *W. R. v. Proskowetz*. Herausgegeben von *H. Iltis.* Brünn. Carl Winiker. 1910.

Erich von Tschermak. Zusammenfassende Orientierung über den gegenwärtigen Stand des Mendelismus im Handbuche der Züchtung der landwirtschaftlichen Kulturpflanzen (von *C. Fruwirth*). 4. Bd. S. 63–106. 2. Aufl. Berlin. Paul Parey. 1910.

---

[1] *Zu Seite 3.* Einzelne Züge der erst von *Gr. Mendel* im Zusammenhang aufgedeckten und einer Erklärung zugeführten Gesetzmässigkeit hat schon *John Goß* (On the variation in the colour of peas, occasioned by cross impregnation. Transact. of the Horticultural Society of London Vol. V. 1824. p. 234 bis 236) im Jahre 1822 beobachtet. Derselbe ist als ein Vorläufer *Mendels* zu bezeichnen. Er konstatirte bei Bastardirung der blaugrünen Erbsenrasse Prolific or Prussian blue und der gelbsamigen Dwarf Spanish Pea Alleinausprägung der gelben Samenfarbe der Vaterrasse an allen Bastardierungsprodukten, sodann Produktion gelber und grüner Samen als zweite Samengeneration, Konstantbleiben nur eines Teiles der gelben, Fortspalten der übrigen gelben, hingegen Konstanz aller grünen.

[2] *Zu S. 5.* Recht zweckmässig erscheint es, das Schiffchen längs der Naht mit einer Lancette aufzuschneiden, durch Erweitern des Knospengrundes mittelst einer Pinzette die Staubbeutel vom Griffel zu entfernen, hierauf dieselben an den Staubfäden abzureissen und den Pollen mittelst Stahlschreibfedern auf die Narbe aufzutragen. Das Platzen der Antheren und hiermit im Zusammenhange die Selbstbestäubung der Narbe vor dem Oeffnen der Corolle erfolgt in den Blüthen der niedrigen Erbsenrassen früher als in jenen der höheren (*v. Tschermak*).

[3] *Zu S. 6.* Auch heute muss die Frage nach einem Unterschied zwischen den Hybriden von Arten und von Varietäten, bzw. Rassen oder Sippen als unentschieden bezeichnet werden. Wenigstens hat der Versuch von *de Vries* zu unterscheiden zwischen variativen Merkmalen mit bisexueller, d. h. mendelnder Vererbungsweise und mutativen oder spezifischen Merkmalen mit unisexueller d. h. nicht mendelnder Vererbungsweise mit anscheinendem Fehlen von Spaltung, und zwar entweder Mehrgestaltigkeit der ersten Generation und Konstanz der einzelnen Typen oder gleichförmige, jedoch dauernde Mittelstellung der Hybriden und ihrer Nachkommen (Beispiele: *Mendels* Hieracienbastarde, zahlreiche von *Gärtner* erzeugte Hybriden, Salixbastarde *Wichuras*, gewisse Oenotherabastarde von *de Vries*) vielfachen Widerspruch gefunden. Nicht wenige Forscher sind heute geneigt, eine typische Verschiedenheit der Vererbungsweise überhaupt in Abrede zu stellen.

[4] *Zu S. 6.* Bezüglich der Ausnahmsfälle durch Verstärkung oder durch Auftreten neuer Merkmale siehe unten.

[5] *Zu S. 7.* Heute würde man etwa Speicher- oder Cotylengewebe statt »Albumen« sagen, da bei Pisum ein eigentliches Endosperm fehlt. Während ein solches nach *Nawaschin* und *Guignard* von dem gleich der Eizelle gesondert befruchteten Embryosack geliefert wird, stellt jenes Gewebe eine Ersatzbildung seitens der Eizelle, bzw. des Embryos selbst dar.

[6] *Zu S. 7.* Die Samenschale ist bei vielen Erbsenrassen nicht so dünn, dass die Farbe der Cotyledonen deutlich durchscheint; die dunkelbraunen und violett getupften Samenschalen von Pisum arvense sind geradezu undurchsichtig. Da Färbung der Samenschale und Farbe des Cotyledonengewebes getrennt beurteilt werden müssen, ist es häufig notwendig, die Samenschale mit einem Messer abzuheben.

[7] *Zu S. 9.* Der Erbsenkäfer scheint tatsächlich, wenn er sehr zahlreich auftritt, so dass in einzelnen Blüthen oft zwei Käfer angetroffen werden, Fremdbestäubung bewirken zu können. In den Hülsen grünsamiger Erbsenrassen, deren ausgereifte Samen fast alle einen Käfer enthalten, finden sich ab und zu rein gelbe Samen, die ihre hybride Abkunft in der nächsten Generation durch Erzeugung mischsamiger Pflanzen beweisen. Von Hymenopteren scheinen bei uns die Erbsenblüten sehr selten besucht zu werden, weshalb verschiedene Rassen ohne Gefahr einer Bastardierung von den Samenzüchtern neben einander angebaut werden. Innerhalb von drei Jahren wurde von *v. Tschermak* nur einmal Megachile apicalis ♀ Spin. beobachtet, welche den komplizierten Mechanismus der Erbsenblüte ganz leicht in Bewegung zu setzen vermochte.

[8] *Zu S. 9. Mendel* bezeichnet die erste Generation der Mischlinge, welche durch künstliche Bastardierung erzeugt wurde, einfach als Hybriden. Vom praktisch-züchterischen Standpunkte kann die erste Generation als »Kreuzungsgeneration«, die zweite als »Spaltungsgeneration«, die dritte als »Prüfgeneration« bezeichnet werden. Die Merkmale: gelbe oder grüne Farbe, runde oder runzelige Form des Speichergewebes sind als »Cotyledonenmerkmale« der Hybriden unmittelbar an den Bastardierungsprodukten oder »Kreuzungssamen« abzulesen.

[9] *Zu S. 10.* Fülle von Mittelstellung oder Merkmalmischung (Zeatypus der äusseren Vererbungsweise nach *Correns*) im Gegensatze zu der rein alternierenden Ausprägung der später betrachteten sieben Merkmalpaare bei Pisum (Pisumtypus der äusseren Vererbungsweise nach *Mendel*).

[10] *Zu S. 10.* Neuere Untersuchungen (*v. Tschermak*, *Correns*) haben gezeigt, dass das Geschlecht des sog. Ueberträgers oder die

Verbindungsweise zweier Formen bei gewissen Rassen doch nicht bedeutungslos ist, und zwar zeigt hierbei die Mutterform grösseren Einfluss.

[11] *Zu S. 11.* Einen solchen Vorteil von Fremdbestäubung gleicher Varietät (isomorphe Xenogamie) vor Selbstbestäubung hat *Darwin* bei 57 von 83 untersuchten Arten festgestellt. Bei Pisum fand *v. Tschermak* einen solchen Höhenzuwachs auf Verbindung gewisser Rassen beschränkt.

[12] *Zu S. 11.* Das Auftreten von violetter Punktierung der Samenschale bei Bastardierung von Pisum arvense ohne Punktierung der braunen Samenschale mit P. sativum erfolgt, wie *E. v. Tschermak* weiterhin feststellte, als dominierendes Novum, d. h. an allen Gliedern der 1. Generation und in der 2. Generation im Verhältnis von 9 : 3 (nicht punktiert braun) : 4 (nicht punktiert farblos). Eine interessante Bedingung der Auslösung ist es, dass dieselbe nur erfolgt, wenn die benützte Form von Pisum sativum der Violettfärbung des Nabels entbehrt. Nach der Faktorentheorie ist das gesetzmässige Auftreten von Bastardierungsneuheiten, eben so wohl auch ein reguläres Auftreten von »Verstärkung« elterlicher Merkmale zurückzuführen auf eine im Anschlusse an die Bastardierung erfolgende Neugruppierung von Faktoren. Speciell ist das Auftreten in dominierender Stellung (9 : 3 : 3 : 1 bzw. 9 : 3 : 4) zu beziehen auf die als »neu« erscheinende Kombination des Vorhandenseins, bzw. Zusammenwirkens von zwei bisher getrennten Faktoren (*AB* aus den Eltern *Ab* und *aB*), das Auftreten als »mitrezessiv« (9 : 3 : 3 : **1** bzw. 12 : 3 : **1**) auf die neue Kombination des Fehlens der zwei Faktoren (*ab* aus den Eltern *Ab* und *aB*). Hingegen lässt das Auftreten als »mitdominierendes« (9 : 3 : **3** : 1 bzw. 9 : **3** : 4) oder als »rezessives Novum« (9 : 3 : **3** : 1 bzw. 12 : **3** : 1) auf eine als »neu« erscheinende Isolierung je eines von zwei bisher vereinten Faktoren (*Ab* oder *aB* aus den Eltern *AB* und *ab*) schliessen.

[13] *Zu S. 11.* Die direkten Deszendenten aus Selbstbefruchtung der Hybriden nennt *Mendel* die erste Generation der Hybriden; deutlicher wäre Tochtergeneration der Hybriden oder »zweite Generation der Mischlinge« (vgl. Anm. 8 zu S. 9).

[14] *Zu S. 12. v. Tschermak* erhielt in analogen Versuchen durchschnittlich 25% rein gelbsamige Hülsen und bestätigte *Mendel's* Angabe, dass keineswegs in der einzelnen Hülse oder an der einzelnen Pflanze, sondern nur als Durchschnitt aus einer grösseren Anzahl von Individuen das Verhältnis 3 : 1 festzustellen ist.

[15] *Zu S. 13.* Immerhin kommen vereinzelt auch zweifellose Fälle von Merkmalmischung, d. h. Uebergangsformen zwischen gelber und grüner Farbe, runder und runzeliger Form vor, die sich in weiteren Generationen wie dominantmerkmalige Mischlinge verhalten.

[16] *Zu S. 17.* Angesichts der Unwahrscheinlichkeit, dass im konkreten Falle zwei wirklich nur in einem einzigen Merkmale verschiedene Formen gegeben sind, erscheint es zweckmässig, *Mendel's* Bezeichnung »nur in einem wesentlichen Merkmale verschieden« zu deuten als »nur in einem als wesentlich betrachteten, d. h. zunächst unter Abstraktion von anderen Unterscheidungsmerkmalen allein ins Auge gefassten Merkmale verschieden«.

[17] *Zu S. 22.* Vgl. Anmerkung 9 und 15.

[18] *Zu S. 23.* Statt »Keimzellen« oder »Keimbläschen« wäre nach der heutigen Bezeichnungsweise »Eizellen« zu setzen und bei Verallgemeinerung auf Pflanzen mit echtem Endosperm dessen Herkunft aus dem gesondert befruchteten Embryosack zu berücksichtigen. Vgl. Anmerkung 5. — *Mendel* macht dabei die Annahme einer völligen Reinheit der Befruchtungszellen oder Gameten d. h. einer alternativen Aufteilung der konkurrierenden Anlagen (*A-a*, *B-b*, *C-c*) an die in gleicher Zahl gebildeten Geschlechtszellen. Demgegenüber würde und wird die Möglichkeit einer allgemeinen oder fallweisen »Unreinheit« der Gameten durch spurweise oder latente Beimengung der konkurrierenden Anlagen von einer ganzen Anzahl von Forschern erörtert. Allerdings ist nicht zu verkennen, dass zahlreiche Argumente zu Gunsten der letzteren Auffassung durch die Faktorentheorie hinfällig oder wenigstens fraglich geworden sind. Immerhin ist die Frage als nicht absolut entschieden zu bezeichnen; es erschiene jedenfalls nicht zweckmässig, die These der Gametenreinheit als Fundament des Mendelismus zu betrachten.

[19] *Zu S. 25.* (Zur 2. Formelgruppe.) Die Keimzellen bzw. Eizellen und die Pollenzellen werden nach der modernen Nomenklatur als »Gameten«, ihre Verschmelzungsprodukte als »Zygoten« bezeichnet, und zwar die Produkte gleichveranlagter Gameten als »Homozygoten«, jene verschiedenveranlagter als »Heterozygoten« (*W. Bateson*). Die daraus sich entwickelnden Individuen werden als innerlich homogen oder homozygotisch bezeichnet, somit als durchwegs gleichartige Geschlechtszellen produzierend, bzw. als innerlich inhomogen oder heterozygotisch, somit Geschlechtszellen verschiedener Art liefernd. Je nach der ungleichen Veranlagungsweise in einer oder in mehreren Anlagen unterscheidet man einfach heterozygotisch, zweifach heterozygotisch, dreifach heterozygotisch usw. Im allgemeinen verrät sich der heterozygotische Zustand durch sinnfällige Spaltung in der Deszendenz d. h. durch Hervorbringung einer verschiedengestaltigen Nachkommenschaft. — Die von *Mendel* gewählte mathematische Bezeichnung wird seitens der Faktorentheorie in dem modifizierten Sinne verwendet, dass — da ausschliesslich Besitz und Mangel eines Faktors, nicht zwei verschiedene positive Anlagen einander gegenübergestellt werden (Presence — Absence

Hypothese) — mit grossen Buchstaben (*A*, *B*, *C*) der Besitz, mit kleinen (*a*, *b*, *c*) der Mangel bezeichnet wird. Demnach würde für das Beispiel *Mendel's* (rund—kantig, gelb—grün) die moderne Formulierung lauten:

Form I (Samenpflanze):	Form II (Pollenpflanze):
A (Faktor für rund bzw. Stärkebildung vorhanden, »epistatisch«.)	*a* (betr. Faktor fehlend).
B (Faktor für kantig bzw. sog. Zuckerbildung vorhanden, jedoch in verdrängtem »hypostatischen« Zustand).	*B* (betr. Faktor vorhanden).
C (Faktor für Gelb vorhanden, »epistatisch«).	*c* (betr. Faktor fehlend).
D (Faktor für Grün vorhanden, jedoch in verdrängtem »hypostatischen« Zustand).	*D* (betr. Faktor vorhanden).

Heterozygoten:
ABCDaBcD, die Hybriden = I. Mischlingsgeneration liefernd.

Von dieser produzierte Gameten (32): *ABCD*, *ABcD*, *aBCD*, *aBcD* — je 4 ♀ und je 4 ♂.

Davon gebildete Zygoten (16), die II. Mischlingsgeneration liefernd:

ABCDABCD homozygotisch	*aBCDaBCD* homozygotisch	*ABcDABcD* homozygotisch	*aBcDaBcD* homozygotisch
2 *ABCDABcD* einf. het. zyg.	2 *aBCDaBcD* einfach heterozygotisch	2 *ABcDaBcD* einfach heterozygotisch	
2 *ABCDaBCD* einf. het. zyg.			
4 *ABCDaBcD* zweif. het. zyg.			
Aussehen: gelb rund	gelb kantig	grün rund	grün kantig
9	3	3	1

[20] *Zu S. 30.* Vgl. Anmerkung 10.

[21] *Zu S. 33.* Vgl. Anmerkung 9.

[22] *Zu S. 33.* Vgl. Anmerkung 9.

[23] *Zu S. 35.* Damit erscheint im Prinzipe die Zurückführung der sog. weiteren Spaltungsverhältnisse 15 : 1, 63 : 1, 255 : 1 auf eine Verschiedenheit in 2, 3, 4 Elementen oder Faktoren ausgesprochen, auf eine dihybride, trihybride, bzw. polyhybride Bastardierung — im Gegensatze zu der durch die Spaltungsverhältnisse 3 : 1 oder 1 : 2: 1 charakterisierten einfaktorigen oder monohybriden Bastardierung (nach *Nilsson-Ehle*). Neben der Möglichkeit, dass von den im Text genannten Verbindungen »jede eine andere Farbe darstellt«, besteht die andere, dass die einzelnen Faktoren von wesentlich gleichartiger Wirkung sind, beispielsweise gleichartige Färbung von abgestufter Sättigung bewirken. Die faktorenführenden Individuen stellen dann eine Stufenreihe dar. Eine solche kann allerdings auch bei einfaktorigem Unterschied, also bei monohybrider Bastardierung mit dem charakteristischen Spaltungsverhältnis 3 : 1 vorkommen (von *Nilsson-Ehle* auf eine Nebenwirkung anderer Faktoren bezogen).

[24] *Zu S. 38.* Vgl. Anmerkung 3 und die Abhandlung II.

[25] *Zu S. 40.* Hier sei daran erinnert, dass zuerst *A. v. Kerner* die Theorie einer Vervielfältigung der Arten durch Erzeugung samenbeständiger Bastarde von unverminderter Fruchtbarkeit aufgestellt hat. Vgl. Pflanzenleben. Die Bedeutung der Bastardierung verschiedener Arten als einer der Faktoren für die Neubildung konstanter Formen erhellt aus den Arbeiten von *Focke* über Rubus (1877), *Rosen* über Erophila (1889), *Malinvaud* über Mentha (1898), *v. Wettstein* bezüglich einzelner Fälle bei Euphrasia, Gentiana und Sempervivum (1896, 1897, 1901) und von *Solms-Laubach* über Tulpen (1899).

[26] *Zu S. 50.* An der Bastardnatur der von *Mendel* beobachteten, leider nicht detailliert beschriebenen Formen ist[H] — trotz der Feststellung des Vorkommens von ungeschlechtlicher Fortpflanzung bei Hieracium durch *C. Ostenfeld* und *C. Raunkiaer* — durchaus nicht zu zweifeln. Als Charakteristica seien nach *Mendel* hervorgehoben: in erster Linie Mehrgestaltigkeit (Pleiotypie) der ersten Generation — mit Ausnahme von 2 einförmigen Hieraciumbastarden —, teils Mittelstellung, teils Reinausprägung der konkurrierenden Elternmerkmale, jedoch selbständige Neukombinierung von Merkmalen. Nach der Faktorentheorie lässt echte Mehrgestaltigkeit, d. h. Bestehen der I. Generation aus differenten Typen mit charakteristischverschiedener Deszendenz auf einen heterozygotischen Charakter, bzw. auf Bastardierungsherkunft der einen oder gar beider Elternformen schliessen. Für Hieracium erscheint diese Deutung gestützt durch die sichtliche Neigung zur Bastardierung schon in der freien Natur. (Vgl. *H. Zahn*, Allg. bot. Zeitschr. v. A. Kneucker, Nov. 1904.) Daneben ist allerdings nach *Correns*, wenigstens für gewisse Fälle, an die Möglichkeit zu denken, dass *Mendel* zwar äusserlich gleich erscheinende, jedoch innerlich oder kryptomer, bzw. in ihrem Faktorengehalte verschiedene Individuen, wie

sie bei der normalen Aufspaltung in zahlreichen Fällen mehrfaktoriger Bastardierung bereits festgestellt sind, zur Pollengewinnung benützte. — In zweiter Linie erscheinen *Mendel's* Hieraciumbastarde charakterisiert durch Konstantbleiben der einzelnen Typen, also durch anscheinendes Fehlen von Spaltung. Dieses auffällige Verhalten könnte allerdings, z. T. wenigstens, durch ungeschlechtliche, bzw. apogame Fortpflanzung der einzelnen Typen der echten Bastarde erster Generation vorgetäuscht worden sein.

[27] *Zu S. 51. A. v. Kerner* hat — was wohl zu weit geht —eine besondere Beschränkung der Fruchtbarkeit für Bastarde überhaupt bestritten. Immerhin bleibt die Möglichkeit einer Steigerung der in gewissen Fällen zweifellos zu Anfang verminderten Fruchtbarkeit in späteren Generationen bestehen, worauf die obige Beobachtung *Mendel's* hinweist. Analoges haben *v. Wettstein* an einem Bastard von Sempervivum alpinum × arachnoideum und *v. Tschermak* am Bastarde Phaseolus vulgaris × multiflorus beobachtet.

[28] *Zu S. 52.* Leider ist diese Absicht nicht zur Ausführung gekommen.

Fußnote:

[H]Von *Mendel* selbst sind 6 veröffentlicht, von *A. Peter* (Ueber spontane und künstliche Gartenbastarde der Piloselloiden etc. der Gattung Hieracium Sect. Piloseloides. Englers botan. Jahrb. Bd. V. J. 2, 3, 5 und Bd. VI. J. 2. 1884 — Vgl. auch *C. v. Nägeli* und *A. Peter*, die Hieracien Mitteleuropas, Monographische Bearbeitung. 1885) weitere 4, von *Mendel* wirklich dargestellt 21, und zwar zum Theil in sehr zahlreichen Exemplaren, vgl. *C. Correns* a. a. O. S. 248–252.
